SHOUSHI SHEJI
YU ZHIZUO

首饰设计
与制作

喻　珊　王洪喜　著

西南大学出版社

国家一级出版社　全国百佳图书出版单位

序言

大凡一门学科，教材是十分重要的，这是毋庸置疑的。

教材通常也是一门学科成熟的标志之一。对于中国服装教育这一相对年轻的学科而言，写好、编好服装教材是教学发展之必需，通过编写教材，我们也可将我们几十年来的教学思考、教学经验、教学成果沉淀下来，固化下来。

但，教材难写，教材难编，是不言而喻的。

古往今来，有口皆碑的好论著、好小说比比皆是，但被人称道的好教材颇稀。原因很简单：难！

因为教材是人类文明的结晶；教材是体现教学内容和教学方法的知识载体；教材应该是客观、公正、科学并能循序渐进地传授知识、思想和技艺的工具书。也就是说，教材编撰必须根据学科的教学逻辑，依照教学的规律和学生的认知基础，对学科内容进行设计、规划，系统地奉献当前该领域的优秀成果。教材不应有谬误和不凿、偏颇的内容，其本质不是个人专著，而应是集学科研究之大成的普及版本。此是难写之一。

难写之二，编撰教材的目的除了系统传授前人知识之外，十分重要的是要运用知识启迪学生，启发学生的思维，呼唤学生的想象，培养学生的创新能力。这往往是教材编写的难点与悖论，既要进行知识的传承，又要培养学生对过往知识的挑战和批判意识，这无疑是具有高难度的，但这是教学的必须，也是教材所必需的。若教材在传授经验的同时，使学生能从中获取启迪，唤醒创意，其意义更大。事实也是如此，年轻人永远不可能满足于固有的知识，当他们的圆珠笔在教材上涂涂画画的时候，未必不是其创新想象的萌芽。

难写之三，通常而言，教材的编撰与学科发展并非同步，所以教材不能不更新。中国的服装高等教育不足 30 年，其发展是摸着石头过河，其教材建设同样是摸着石头走来。目前，服装类教材林林总总，数量不可谓不多，但必须承认，其质量良莠不齐，喜忧参半。在全球经济一体、知识信息爆炸、传播媒体多元、创新经济崛起的今天，作为世界时尚产业的教育不能不有新思维、新方法、新触角、新教材。这就是催生该套"中国高等教育服装服饰教学创新丛书"教材的缘由。

该套教材旨在对现有服装教学的传统教材或教学课目进行扩展、补充和新思维的探究，也是深化教育改革、全面推进素质教育、培养创新人才的新一轮教材建设的探索。

该套教材将过往服装教育的内容延展到新的服装、服饰品类，时尚、史论领域……诸如针织类服装设计、首饰类饰物设计、箱包类配饰设计、时尚传播理论等。新教材可以弥补当代服装服饰产业迅速发展过程中对新领域知识的需求，可以成为方兴未艾的服装教育新课程之新教材。

该丛书在编撰过程中，力求融会国内外相关研究成果，体现现代教育理念与方法，令教材具有前瞻性、先进性、科学性和通识性。重要的是，该教材立足于开拓学生思维与培养学生的创新能力。在内容上拓展知识信息，在案例教学里探索新教学方法或模式。虽然该套教材涉及的课目各不相同，但寻求服装教学创新思想与创新方法的目标是相同的。

中国服装教育的教材建设漫漫路长，任重道远……我们试图以创新的思维编撰这套教材，但并不奢望它的完美登场。我们相信探索始终是有益的，或许像学者 E.H.贡布里希说的那样："最宝贵的是：人们只能从试错中寻求真理。"

该套教材正是我们为中国服装教育的教材建设添砖加瓦、抛砖引玉……

oreword
前　言

　　随着社会的发展，人的观念发生了巨大变化，首饰的含义也不断被重新诠释。从首饰设计自身来看，一方面，当代首饰所使用的材料更多维，如无机材料和合成材料的使用；设计及制作技术更先进，如 3D 扫描与 3D 打印技术以及电脑雕刻技术等的应用。另一方面，首饰的表现内容更丰富，形式更多元，如从记录日常生活中的点滴感受到对社会问题的观照等。因此，首饰的功能内含已由传统的等级和财富的象征转变为更多的承载人的观念与情感的表达。

　　从首饰作为学科的研究看，首饰研究已不再只停留于史学、设计学、美学的研究上，而是扩展到社会学、人类学、心理学等领域，这一综合研究的发展态势为首饰设计师以及首饰研究学者们提出了更高难度的挑战。深化首饰设计学科建设，促进首饰设计领域发展，也成为首饰设计学子们的责任与使命。

　　本书从首饰本体研究角度出发进行系统梳理。为能使学生全面、系统、深入地学习和掌握首饰设计及其相关知识，本书在整体布局上设计了纵横两条线索，从不同角度对首饰设计进行讲解。纵向上以时间为序，从史前时期直至现代，对首饰的发展情况做了概括性梳理。这部分内容集中在概述和作品赏析两章中。为帮助学生把握首饰发展的脉络，在这两章中，首饰更多的是被看作一种社会文化现象来解读，因此，它涉及其所在国家各个时期的诸如政治经济环境、学术艺术思潮、科技发展状况等社会背景和民族审美习惯等多方面知识，这些在书中都有相应的讲述。横向上，从设计学的角度对首饰设计进行探讨，这也是本书的重点所在。在这条线索中，首饰只是被作为纯粹的设计作品来进行讲解。其基本思路是，首先分析首饰的设计要素，从表现内容和视觉样式要素着手，逐一分解，进而再分析首饰设计流程中的每一个环节，引导学生从灵感产生到分析、整理、构思、图形表达以及选用恰当的表现材料和技法实现设计作品。本书讲述的过程注重系统性与整体性，力求突出特点与重点。 此外，本书还从设计的角度对材料与技法做了具体、专门的讲解，目的是为学生在以后的学习与创作中寻找新的表现语言与技法拓展一些思路和空间。

　　本书适宜于高校本、专科首饰设计专业及方向的学生使用，亦是引导首饰设计从业者自学进阶的专业教材，真诚希望本书对大家的学习有所助益。

喻　珊　王洪喜

目 录

第一章 概 述

首饰，在现今公众生活中扮演着重要角色。无论是日常穿着，还是礼仪庆典时的装束，都离不开首饰装扮。如果说现代人重交流，那么，首饰无疑就是"交际之花"。

与服装和其他工艺美术品由实用生发，建立在实用的基础上不同，首饰虽然也源于实用，但它更多地倾向于装饰。在人类发展的童年时期，首饰作为一种"装饰品"多与巫术礼仪等活动相伴而生。这些"装饰品"也潜藏着尚未独立或分化的朦胧的审美：对形体与色彩的初步感受、对事物同一性与规律性的初步认识……这些主观感受以及对形式的认识与要求，不仅是物质生产的产物，更是精神生产的产物。这些"装饰品"同时也是观念物态化活动的符号和标志。首饰就这样成了人类早期活动的精神载体之一。随着历史的发展，这个载体连同它所承载的精神一起也随之发生着变化。作为物质形态，首饰不仅形象地记录了人类各个时期的精神变化，也真实地记载了人类社会的发展状况——社会的政治、经济、科学技术的文明程度。从文化的角度看，首饰又是时代、地域和民族的审美产物。所以，首饰是鲜活的、立体的，是人类文化艺术宝库中一颗灿烂的明珠。

首饰作为一种物，它的存在可能是一时的，但它留给人的情感却是久远的。例如，某一件首饰，它在材料、工艺和设计等方面并非最佳，而且佩戴起来也可能不合时宜，但它还是被主人视若珍宝，藏在宝奁深处，即使不佩戴，也会不时地拿出来欣赏品味一番。这是首饰的另一价值，即情感价值。这一价值是由首饰与情感或观念结合所产生的，不一定是物本身的美，也非物质本身的贵。此外，首饰要比服装更能展示人的主观精神和内心情感。这就犹如人在游戏中所显现的真情一样，除去礼仪和制度的规定，首饰更自我，更具真情。

时至今日，随着现代科技的发展和各民族文化的交流与融合，首饰的概念与功能也发生了转变。虽然它还是多与服装为伍，但可贵的是它已经傲然独立，并孑然独舞了。最为重要的是，它走出了极具功利色彩的审美时期，进入了自我表现的艺术时代。作为一种独立的艺术形式，它不再是服装的附属和人体的"嫁衣"，如同绘画和雕塑等其他艺术，首饰已成为现代艺术的一部分，这不只是时代使然，也是艺术自身发展的必然结果。

第一节　首饰的分类

一、按佩戴部位分

此处的分类，是以中国传统首饰样式为线索来划分的，有利于我们深入了解中国首饰的历史文化。

（一）头饰

在人体的各部位中，头部是最重要的。头部在人体的最顶端，加之其上的面部，因此它是视觉最集中的地方。人类对于头部的装点是极为重视的，这种"面子"问题可以说是"头等"大事。中外历史上的统治者都极重视头部的装饰，将头部的装饰与权力、地位、等级等相联系，规定也极为严格。

头部处于人体最高之处，顶上四周开阔，发式多变，这给头饰以很大的展示空间。因此，头饰的种类和形制相对较多。头饰主要包括冠饰、额饰和发饰，在不同地域和各个时期的流传过程中，形成了许多首饰种类和不同的名称。（图1-1-1）

（二）耳饰

耳朵位于面部的两侧，几与人的视平线等高。它似乎天生就是面部的"饰物"。耳饰也自然成为面部两侧的两个点睛之笔，尤其是带有垂坠的耳饰会随头部的转动而摇摆，使面部平添几分情趣和引人注目的动感。因此，相对而言，耳饰较之项饰、头饰更灵巧多变。耳饰主要有贴附和悬挂两类，其具体类别包括耳玦、耳珰、耳环、耳坠、耳夹和耳钉等。（图1-1-2）

（三）项饰

颈部是人体视线的又一焦点。它是连接头与躯干的桥梁，位置非常特殊。这里是头饰和耳饰下延的区域，同时又是衣服的开领部位。其特殊之处还在于它与肩部之横向和胸部之纵向的连带关系，这使得佩戴在颈部的饰物有较为开阔的展示空间。另外，由于颈部非常灵活，佩戴于此的饰物也就更容易引起人们的注意。因此，颈部就成为首饰展示的重要区域。项饰的种类一般有串珠、项链、项圈、璎珞、项锁等。（图1-1-3）

图1-1-1　各种头饰［从左至右依次为：钿、胜、簪（笄）、钗、步摇、冠］

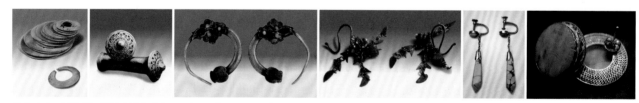

图1-1-2　各种耳饰（从左至右依次为：耳玦、耳珰、耳环、耳坠、耳夹、耳钉）

图1-1-3　各种项饰（从左至右依次为：项链、项圈、璎珞、领约）

（四）胸饰

胸部像一块宽阔的陆地，是首饰最为广阔且舒缓的展示平台。胸饰的佩戴，可以是悬于颈部，垂而至胸部；也可以是附于服装之上，如一个细小的胸针；又或者是挂于纽扣上的一长长的须坠……总之，胸饰多样而灵活。（图1-1-4）

（五）手饰

手是人体最灵活、最机巧的部位。它不仅可以从事劳动，同时还可以表达肢体语言，传递情感。为此，人们对它精心呵护，在不影响其功能正常发挥的情况下予以装饰、美化和保护。如果说耳饰和项饰主要是为装饰而装饰，目的是引人注目的话，那么，手饰在对手进行美化时，还要考虑对手的保护和手的功能不受影响。因此，手饰最初是集美化与保护作用于一身的，而后保护功能才逐渐隐退，最后就剩下"美"了。

手饰的佩戴部位主要是在手指、手腕上，种类包括手镯、手链、护指和戒指等。（图1-1-5）

（六）腰饰

腰部对人体来说极为重要。它是人体的重心所在，是上下身的枢纽。坐、起、蹲、走等动作都要通过此处方能完成。因此，腰部不仅是服装所要表现的重要部位和区域，同时也是首饰展示的理想地带。

在我国古代，人们非常重视腰饰。带钩、玉佩、腰牌以及印信等都挂佩于此。因此，腰饰无论是依附于服装出现，还是以独立的形式展示，都有其独特意义和魅力。腰饰主要有腰带和腰间配饰。腰带有大带、革带、钩络带、蹀躞带和笏头带等；腰间配饰主要有由礼器发展而来的璧、璜、琚、珩等以及兼具实用功能的荷包、香囊、觿等。（图1-1-6、图1-1-7）

图1-1-4　各种胸饰（从左至右依次为：胸牌、须坠、别针、朝珠）

图1-1-5　各种手饰（从左至右依次为：手镯、手链、护指、戒指）

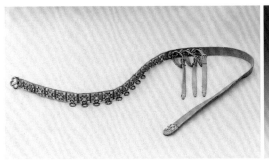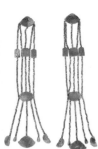

图1-1-6　各种腰饰（从左至右依次为：腰带、玉佩、大佩、玉觿）

图 1-1-7　各种腰饰（从左至右依次为：鼻烟壶、腰坠、印章、佩刀、香囊、针线筒）

（七）其他

除以上所列类别外，首饰还有面具、眼饰、肩饰、臂饰、腿饰、体饰等。

二、按功用分

从使用的角度看，如果排除礼仪制度等因素，传统首饰在其发展中确有实用功能减弱、装饰美化功能增强的特点。首饰发展至现代，与"美"相关的功能依旧是突出的，但人们对美的理解却发生了根本的改变。"美"不再局限于狭义的唯美范畴。因此，这一与"美"相关的功能描述就由"装饰美化"功能指向了"审美功能"。若将审美功能进一步划分，则又可分为"美的展示与引导"和"美的实现与获得"。若首饰功能指向"美的展示与引导"，其更似艺术品，可能仅为展示所用，并不进入流通领域，即使经过买卖成了商品，它也并不具备商品的基本特征——以消费者为中心。它的存在意义在于通过被欣赏的过程，实现对消费者的引导。我们将此类首饰称为"艺术首饰"。当首饰的功能指向"美的实现与获得"，则其必然经历体验者的亲证。首饰通常是以商品的形式进入流通领域，人们通过购买、使用的过程来完成对其的体验。此类首饰，从设计到销售以及使用，始终紧紧围绕消费者这一中心，我们将此类首饰称为"商业首饰"。

然而，就功能而言，"美的展示与引导"与"美的实现与获得"二者并非非此即彼。同一件首饰，其功能可能两者兼有，一旦进入流通领域之后，就很难判断其属于艺术首饰还是商业首饰。实际上，很多首饰设计师也创立有自己的首饰品牌，并将自己的艺术首饰作品作为商品进行流通；而一些商业首饰品牌为提升其产品竞争力，也会选择与艺术家或独立首饰设计师合作，制作一些"与众不同"的艺术首饰，以增加品牌的艺术含量，树立良好的品牌形象。

因此，艺术首饰与商业首饰并无泾渭分明的界限，不仅如此，二者往往产生很多交集。研究的重点并不在于其划分的问题，而是通过强化二者的差异性，从而理解在设计中因功能指向以及主体定位等的不同，会使得设计的面貌产生极大的差异。

（一）艺术首饰

艺术首饰是将首饰作为纯粹的艺术品来设计和制作的。艺术首饰根植于现代艺术，并得益于手工艺术的回归，通常是由设计师亲自设计并制作完成。设计师通过作品表达个人对自然、社会、人生等的理解和感受。艺术首饰倾向于对观念的引导和传达，而非实用性佩戴。它更偏重于设计理念，强调其作为艺术品的审美价值或指向意义。因此，一些艺术首饰作品会有意忽略其作为首饰的实用功能或使用价值。这类作品有的甚至是非实物制作的即兴的、即时性的作品。也就是说，艺术首饰作品的艺术性和精神内涵远比它的实用意义重大。艺术首饰的使用材料也十分多元，设计制作有些也异于传统，带有一定的实验色彩，因此也被称为"实验艺术首饰"。（见第五章"作品赏析"）

（二）商业首饰

商业有自己的运作模式，其以市场为导向，以时尚、潮流为风向标，以满足消费者需要为目标，从而达到经济利益的最大化。因此，商业首饰具有很强的功利性，设计中更多考虑市场需求，注重消费群体的审美，从而使得商业首饰的呈现更加注重装饰性与实用性，注重目标群体的消费能力与习惯，注重对消费群体的情感关怀。商业首饰基于机械化生产，从项目确立、市场调研、产品策划，到设计、生产、销售、反馈，形成了一个完整的产业链。商业首饰设计师的工作不仅仅停留于设计环节，而是贯穿于整个产业链的始终，是衔接整个产业链的无形纽带。商业首饰根据客群范围的不同，又可分为大众首饰与定制首饰。

1. 大众首饰

通常所说的商业首饰都是指大众首饰。"大众"的提法是为强调其受众群体的广泛性，强调对客群共性的研究。但事实上，每一个成熟的商业首饰品牌都有自己既定的目标客群，因此，所谓的"大众"，其本身也是有限定的。在对目标客群的研究中，设计师不仅要研究时下流行因素对客群的影响，同时还要研究客群地域的历史文化、民族信仰、道德和价值观念等因素。总之，审美趣味要切合时下既定"大众"的口味。与单件或少量的定制首饰相比，大众首饰因批量化生产使得产品的成本大大降低，而这也是控制产品销售价格的重要手段。

2. 定制首饰

定制首饰同定制服装一样，是设计师根据顾客的要求和他们自身的情况，为其量身定制的首饰。定制首饰的对象是作为个体的顾客。量身定做的范围包含主题、款式、尺寸等方面。定制首饰通常分为普通定制和高级定制两类。普通定制一般多有尺寸的限定，只对款式进行简单修改，其特殊要求并不多，因而定价与大众首饰相差不多。高级定制则包含了针对年龄、职业、使用场合、主题、预算等的量身定制，且所用材料与制作工艺更为考究，因而定价通常都很高。许多奢侈品品牌都接收高级珠宝订单，一些成熟的首饰设计师也越来越多地开展首饰定制项目。高级定制的设计制作周期较普通定制更长。

第二节 首饰的功能

首饰和其他工艺品一样，它的发展要受生产力发展状况和物质材料等因素的限制，还要受时代的政治和审美意识以及地域与民族文化等精神因素的制约。因此，作为精神载体的首饰，具有物质形态与精神形态的双重功能，并具有与功能相对应的内涵和意义。

一、作为物质形态的功能

首饰作为人的观念和情感表达的一种物质形态，是人们运用一定的技术手段，将人的理想、观念、审美和情感等"物化"的结果。首饰作为物质形态，它的功能体现在以下三方面。第一，首饰作为物质要能够满足人们生活的需要。这是它作为"物"的最基本的功能，我们称之为"功能美"。第二，作为可用之物，首饰是由物制造而成的。因此，在"物"（材料）和"造"（技术）两方面体现出首饰另外的物质性，就是对材料的选择和使用，以及与所使用材料相关技术的应用。这两方面体现了当时历史时期的生产力发展水平，我们称之为"材料技术美"。第三，作为物质，首饰深受地域环境的影响与制约。俗话说"一方水土养一方人"，不同的地域有不同的材料，不同的民族有不同的审美。因此，首饰的物质形态功能既满足了人的审美心理，又真实记录了这一心理发生的社会状况、地理环境和民族风情，我们称之为"文化美"。

二、作为精神载体的功能

（一）审美功能

爱美是人的天性。最初，可能是出于一种偶然，人们受到了自然的启发，如滴在手心上的露珠，落在头上的花瓣，美丽的羽毛，五彩的贝壳……这些都会不同程度地激起他们的好奇心，使他们的情感产生些许波澜而在精神上得到某种愉悦。每一次灵光乍现的感受都可能被人们敏锐地捕捉住，并可能以实物的形式记录下来。为使这种愉悦心理再次得到满足，人们经过从直接利用到有意模仿，从简单制作到精心设计，积微储变，最后汇集成流了。

首饰能够满足人们对美的追求。不同时期、不同民族的审美标准千差万别。同一社会和民族，不同地位身份的人和不同文化的群体的审美也大相径庭，通过首饰可以了解不同的社会与不同的人对美的追求的具体形式和相应的精神内涵。

现代社会的文化是多元共存的。各文化之间相互渗透、相互影响，导致审美也发生了巨大改变。首饰同其他文化艺术一样，随着社会的发展而变化，现代首饰的概念、功能、制作手段和材料均与以往不同，从设计制作直到佩戴，整个过程都受到了现代审美的影响。

（二）心理功能

人类之初，由于对自然的支配能力有限，因此在精神上产生了某种希求，即渴望通过某种物质或行为得到一种超现实的力量。于是，同他们生活密切相关的许多事物，诸如飞禽猛兽、日月星辰、风雨雷电、山川河流等，都披上了神秘的霞衣。这些事物承载着人们寄予的"超现实"的信念，成了个体、氏族或部落崇拜的偶像。崇拜使与"偶像"相关的"凤毛""麟角"也具有了非凡的意义。当人们将这些角羽挂在胸前或缀于腰间时，顿觉如有神助。首饰是信念寄托的载体。无论是早期人们佩戴的动物的牙骨，还是之后制作的某些饰物，它们的上面都或多或少地烙下了一个时期、一个民族的信念和寄托，也包括原始宗教的信仰。

现代首饰也不只是装饰的承载，它也是佩戴者、设计师的情感寄托。从题材来源看，人们所关心的全部社会内容都成了首饰创作之源。而在首饰主题的选择上，现代人则更倾向于思想情感的表达。因此，首饰作为一种艺术形式，承载着人们精神上的诉求，是一种情感的寄托。

（三）社会功能

在首饰的发展过程中，由物质条件限制所产生的财产观念使首饰成了身份和地位的象征。普列汉诺夫说："贵重的东西显得是美的，因为同它一起联想起来的是富的观念。"[1]这一观念使传统意义上的首饰无可非议地成了财富的象征，也成了地位、身份和等级的标志。

随着时代的变迁，现代首饰的社会功能的内涵发生了改变。由于社会等级划分的隐匿，首饰作为财富、身份、地位象征的社会功能逐渐改变。而首饰作为人们出行、与人会面时的一种装扮，无疑具有"交际之花"的作用，是连接个体与社会的又一纽带。此外，首饰的风格特征是社会审美时尚的"晴雨表"，也是当时社会科技、经济等发展状况的体现。

（四）文化功能

首饰作为一种文化，受到地域和民族的风俗习惯、思维方式、宗教信仰和审美趣味的制约，也受到不同历史时期的政治、经济和其他文化的影响。所以说，它是人类文化发展的"形象载体"。通过这一载体，可以了解不同国家和民族、不同历史时期的物质文明与精神文明的发展状况。首饰是人类将自己的观念和理想物化了的视觉形式之一，它有着其他文化和艺术形式所没有的意义。它既不同于文字可作为纯粹的符号去记录历史，也不像绘画有丰富的色彩与造型，但它却兼有二者的诸多特征。在特定的语境中，它具有比文字和绘画更明确、更直接的指向性，以及更为丰富的内涵和更大的想象空间。

思考与练习

1．谈谈你对首饰的认识，并谈谈如何实现首饰的情感价值和主体精神。
2．头饰、耳饰、手饰等各类首饰在设计中要注意些什么？
3．举例分析艺术首饰与商业首饰在表现元素与审美上的异同及相互影响。
4．简述首饰的功能和意义。
5．做大众首饰和定制首饰的市场调研，模拟顾客和客群做相关主题的创作。

知识链接

1．沈从文《中国古代服饰研究》，商务印书馆，2011年
2．陈高华、徐吉军《中国服饰通史》，宁波出版社，2002年
3．高丰《中国设计史》，积木文化，2006年
4．杭间《中国工艺美学史》，人民美术出版社，2007年
5．郑巨欣《世界设计史》，浙江人民美术出版社，2015年
6．郑巨欣《世界服装史》，浙江摄影出版社，2000年

1　[俄]普列汉诺夫：《没有地址的信：艺术与社会生活》，曹葆华译，人民文学出版社，1962，第13页。

第二章　材料

　　材料是首饰实现的物质基础。由于成分和结构等的不同，材料呈现出各种不同的形态和色彩，其性能也是千差万别。因为各有特点，其中也就蕴含着丰富的美的因素和可能。正如日本民艺学家柳宗悦所说："材料是天籁，其中凝缩了许多人工智慧难以预料的神秘因素，要是能得到恰当的材料，便接受了自然的恩泽。"[1] 这是材料的自身之美。材料与作品之间的关系是：材料的性能与特征直接关系到作品的功能与审美，同时也决定着相应的技术应用。而材料与人的关系却是：材料本身所具有的某些属性刺激人的视觉、触觉或听觉等感官，使人产生某种心理感受，进而形成相应的审美心理与观念，这些审美观念经积累而成为意识和文化。在不同的历史时期、不同的地域和民族对同一种材料的审美感受都不尽相同，这是材料的人文之美。

　　《考工记》中说："天有时，地有气，材有美，工有巧。合此四者，然后可以为良。"在首饰作品中，材料只是一个元素，它的"自身之美"和"人文之美"都只是这个元素的一部分，在作品中如何表现与安排，要看设计师对作品整体效果的要求。而作为一名优秀的设计师，制作首饰就如同大将临阵、高手对弈，他必须对所使用材料的质地、性能和所能呈现的效果以及它的人文心理等特征了如指掌，才可能随心所欲地选择和运用，在表现时方可尽情发挥，使作品尽善尽美。

　　这里需要说明的一个问题是：艺术创造有如上帝造人。上帝是按照自己的标准制造人，并赋予其生命。艺术家则是按照自己的审美造物，赋予材料以灵魂，在材料中注入了一种主体的精神内涵。此时作品中的材料已不再是原有属性的自然物，而是鲜活的、有生命的物质，是艺术家思想和观念的载体。也就是说，此时材料的物质属性在作品中已隐退为第二位了。因此，在艺术家的眼中，材料应该是平等的，没有好坏和贵贱之分，有的只是合"我"所用。作品的好坏并不取决于材料的贵贱，而是取决于材料与技法运用得是否合理。设计师不要过分注重材料自身的贵贱，而应该既有"锦上添花"的本领，又有"化腐朽为神奇"的能力和气概，即便是使用极普通的材料制成的作品，也应具有非凡的生命和魅力，如此，方为大家。

1　[日]柳宗悦：《工艺文化》，徐艺乙译，广西师范大学出版社，2011，第124页。

第一节　金属材料

金属具有光泽感，富有延展性，易导电和传热，在常温下为不透明的固体（汞除外）。迄今为止，人类共发现八十多种金属，其中四十多种具有商业价值，而这四十多种金属中大约有一半可直接或间接运用于首饰的加工和制作中。在首饰行业，一般将可用于首饰加工的金属材料分为贵金属材料和普通金属材料两类。贵金属主要是指金、银和铂族金属，因稀少，所以价格相比其他金属更加昂贵。相对于贵金属，铜、铁、钛、锡、锌、铅、镍、锑、铝等由于产量大，所以价格低，便被称为普通金属。诚然，材料本身并无贵贱，贵贱来源于人们的观念。而这些观念随着时间而改变，因地域而不同。尤其是当今社会，人们关注的往往不再是首饰中是否使用了贵金属，以及其含量多少，而是首饰整体的设计制造水平和佩戴效果如何。这个效果包括它的艺术性和实际使用性。因此，首饰设计师应有"万物皆备于我，为我所用"的气概，万不可为物之贵贱所左右。

一、贵金属材料

（一）金（图2-1-1）

"金"的古英文名为"Geolo"，意为黄色。因为其金黄的色泽和闪亮的光芒而成为太阳的象征。因此在西方，金象征着完美和天堂之光。古代许多国家的统治者都将金色作为自身的象征。而在人们的观念中，"金"似乎天生就是用来制作首饰的。金，是人类发现最早，也是最早开采和使用的一种贵金属。人们最初喜欢"金"，或许是出于对明亮色彩喜爱的本性。而后，更多的则应该是出于其稳定不变的色泽特性和稀有难得的特点而愈发珍视它，以至其美上加贵。因此，人们将"金"作为财富、身份和地位的标榜也是顺理成章的事情。而最有趣的还是因为人们的某些观念造成了"金"的至尊地位。实际上，人们总是有许多美好的愿望。在人们的诸种企盼中，可能没有比"长生不老"更令人痴迷的了。由于"金"为惰性金属，在空气中很难氧化，这种恒久的稳定性与人的"长生"之梦极为相似。感物联类，人们选择了用"金"做首饰。这样一来，无论将之置之头顶、垂于耳际，还是挂在胸前，都可使人在精神上得到极大的安慰和满足。

金的化学符号为"Au"。纯金呈浓黄色，质地柔软，锤击时无须加热。由于金具有极好的可塑性和延展性，因此可以被制成令人难以置信的薄片或细丝。"真金不怕火炼"，纯金具有很强的抗氧化性和抗腐蚀性，能长久保持明亮的光泽。但由于纯金较软，因此，在加工使用中，尤其运用于宝石镶嵌中，通常需要添加银、铜、钯、镍、铁和锌等金属来改变其硬度和强度。当然，添加不同成分和比例的其他金属，不只是为改变金的硬度和强度，同时也可根据需要改变它的色彩，丰富其表现力。含金量不低于99.9%的金称为千足金，含金量不低于99%的金称为足金。金基合金的含金量通常用K（"KARAT"，又称"开"）来表示。每"K"金含金量为4.166%。24K金即纯金，理论含金量为100%。18K金则表示含金量不低于75%（18/24）。以此类推，22K金的含金量不低于91.6%，14K金的含金量不低于58.5%⋯⋯首饰行业中最常见的金基合金为18K，此外，14K和9K也较常使用。

（二）银（图2-1-2）

银具有与金一样悠久的使用历史。在东西方文化中，几乎都有把"金"比喻为太阳，而把"银"比喻成月亮的说法。因此，如同一提到太阳人们就不自觉地想起月亮一样，每当谈及财宝时，总是"金银"并提。银，《说文解字》中释为"白金"。它有仅次于"金"的崇高地位，不仅贵重，更是高雅、纯洁的象征。因为与金相比，银的价格较为低廉，这使中国古代民间银饰大量流行，到了明清时期，竟形成了"无银不成饰"的现象。

银的化学符号为"Ag"。纯银洁白、明亮且温润。纯银的质地柔软，易于分割，具有良好的韧性和延展性，其延展性仅次于金。如同"金"一样，在使用时，尤其做镶嵌之用的银，要在纯银中加入其他金属（一般加入铜、锌、镍等）以改变其性能。这样的银基合金又称为"色银"或"次银"。色银改变了纯银的硬度，又保持了较好的韧性和延展性。此外，色银所含的铜还可适当抑制空气对银的氧化作用。因此，色银比纯银具有更好的性能和表现力，也更适宜制作首饰。色银标示通常是根据银的含量而定。最为常见的是925银（S925），即含银92.5%，含其他金属7.5%。银在空气中容易与二氧化硫发生作用而变色，因此，首饰制作中多用铑或金对银饰品表面做电镀处理。

（三）铂族金属

铂族金属包括铂、铱、钯、铑、钌、锇6种金属。其中，可用于首饰制作的有铂、铑、钯和铱。坚硬、纯净而又珍稀，是铂族金属所共有的特征。

1. 铂

相对金、银而言，铂的使用历史并不长。它是在

18世纪才被人们发现并开始使用的。铂的名称起源于西班牙语"Platina",意为"稀有的银"。世界上仅南非和俄罗斯等少数地方出产铂,每年产量仅为黄金的5%,因此,弥足珍贵。首饰设计师们称其为"贵金属之王"。

铂,银白色,化学符号"Pt"。铂有良好的强度、韧性和延展性,其强度是黄金的两倍,韧性更胜于一般贵金属。铂的化学性质稳定,但溶于王水。正因其贵重又具备如此良好的性能,所以它被普遍认为是钻石的最佳拍档。

含量在99%以上的铂,称为足铂。尽管铂金的硬度比黄金高,但在镶嵌宝石时仍需添加其他金属以提高其硬度。铂中需添加的金属一般有铱、钯、钴、铜等几种。铂基合金的标示也是根据铂的含量而定,如含量90%的铂标为Pt900,以此类推。(图2-1-3)

2. 钯

钯,银白色,化学符号"Pd"。钯的硬度高,耐磨损,化学性质稳定,抗腐蚀性较强。钯比铂的产量大,价格也相对低廉,因此,在首饰加工中,钯常被用作铂的代用品。但由于钯的密度较小(相当于铂的54.8%),所以,常用于制作一些重量要求较轻的首饰,如耳环等。此外,钯还可与铂或黄金一起炼制铂钯合金或白色K金。钯铬合金也较为常用。

3. 铑

铑,银白色,化学符号"Rh"。铑如钯一样,硬度高,耐磨损,化学性质稳定,抗腐蚀性较强。在首饰制作中,铑常用于银或铂钯合金首饰的表面电镀。

二、普通金属材料

(一)铜

铜在中国历史上曾经辉煌一时。这种辉煌是其他国家所没有的,也是其他任何贵金属所没有的。因为它不仅被用来制造代表国家最高权力的礼器,也被用以制成生产、生活用具和装饰品。这些物品除留给后世一些经典审美形式外,还传递了许多精神和观念。所以,它成就了一个时代,即"青铜时代",铜也成了这一时代的标志。这一历史使"铜"在中国文化中具有了非凡的意义。因此,现代中国人出于对"铜文化"的尊重和认同,以及对"铜文化"的一种追忆而将铜做成首饰来佩戴,这尚可理解。但是,铜现在成了备受全球首饰界关注的制作材料,则应该是其自身某些独特的性能所致。(图2-1-4)

铜的化学符号为"Cu"。纯铜又称紫铜、红铜,具有良好的稳定性和延展性。其延展性比标准银和镍银更好,易于锻打。由于纯铜的强度不高,因此,也要通过加入其他金属来改善其性能。根据加入其他金属比例的不同,铜合金可分

图2-1-1 韩国金耳饰,5世纪—6世纪

图2-1-2 发梳,纯银,蒂芙尼,约1872年

图2-1-3 丰饶角手镯,铂金、蓝宝石、钻石,梵克雅宝,1924年

为黄铜、青铜和白铜等。黄铜是铜和锌的合金，锌含量在5%～40%。黄铜的硬度比纯铜大，但延展性稍差，不耐锻打。青铜是铜和锡的合金，锡含量在5%～20%。青铜的硬度大，熔点低，可塑性好，适宜铸造。

图2-1-4 "秋叶"主题耳环，彩斑菊石、铜、白金，Hemmerle

图2-1-5 柏林铁制首饰，约1825年

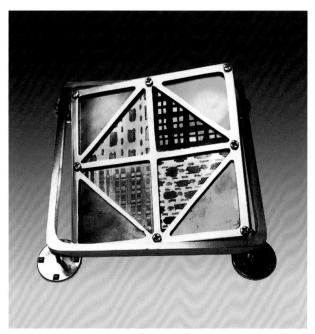

图2-1-6 《云想衣裳花想容》胸针，钛，喻珊，2017年

我国古代的青铜器和钱币就是由青铜制成。由于纯铜与它的合金在空气中都易被氧化而变暗，为避免这一现象，通常会在这些材料做成的器物表面做电镀处理。

（二）铁

提到铁在首饰中的运用，我们首先想到的可能是"柏林铁制首饰"（图2-1-5），或是"我用黄金换铁"的调侃话语。尽管铁并不是最理想的首饰材料，但它却如铜一样，特定的历史时期赋予了其特殊的价值和意义。工业时代的到来，使铁制品充斥于人们生活的每一个角落。彼时不仅出现了铁制首饰，更重要的是，这种首饰还为大众所接受和认可，并成为一种时尚。这或许是因为经济困难时期，铁制品的廉价为普通大众能够拥有首饰提供了一种可能性。但现今不是经济困难时期，铁却依旧是商业首饰的常用材料。这其中不只是因为铁廉价，主要还是因为其独特的性能和表现力。铁合金中用于首饰制作最多的是不锈钢。

铁的化学符号是"Fe"。纯铁为白色或银白色，有金属光泽。纯铁质地柔软，延展性较好，与其他金属形成合金后，硬度会增大。铁的化学性质较活泼，加之一般的铁都含有碳等杂质，使铁在空气中易被氧化，因此，首饰制作通常使用的多是铁合金。铁合金中用于首饰制作最多的是不锈钢。不锈钢坚硬、光亮，耐腐蚀，不易氧化，在常温下能长久保持本身的色彩不变。

（三）钛

钛是在18世纪被德国科学家发现的，以古希腊神话中的大地之子泰坦（Titan）来命名，象征泰坦勇往直前的英雄气概。钛在首饰中的运用是从20世纪60年代开始的，继而很快被首饰设计师接受和广泛使用。（图2-1-6）

钛的化学符号为"Ti"。钛为银灰色，具有金属光泽。这种"具有英雄气概的金属"有与钢铁相当的强度，但密度却只有铁的一半，因此质量较轻。它还具有超强的抗酸碱腐蚀性，甚至可长期抵御"王水"的侵蚀。钛又是高熔点金属，加之强度较大，因此在加工时，钛合金难于成型和弯曲，且不易焊接，因此常做成扁平状，也常用铆接的连接方式。但是，钛却具有良好的着色效果，通过加热或阳极氧化的方法可使其表面产生氧化层而着色，其色彩变化丰富而迷人。此外，钛电解后形成的致色氧化膜具有比钛更高的硬度、强度、耐蚀性和耐磨性，且不会褪色，比电镀具有更高的硬度和更强的结合力。钛合金在接触人体汗液后还不易变色，因此成为现代首饰制作的理想材料。

表 2-1-1 为部分金属材料性能表，可供大家直观对比，了解各种金属的性能等知识。

表 2-1-1 部分金属材料性能表

金属	元素符号	硬度	密度（克/厘米）	熔点（℃）	颜色
金	Au	2.5	19.37	1 063	金黄色
银	Ag	2.5	10.5	961	银白色
铂	Pt	4 ~ 4.5	21.5	1 773	银白色
钯	Pd	4.75	12.02	1 554	银白色
铑	Rh	6.0	12.41	2 237	银白色
铜	Cu	3.0	8.92	1 084	铜金属色
铁	Fe	4.0	7.86	1 535	银白色
钛	Ti	4.0	4.506 ~ 4.516	1 668	银灰色，氧化后呈紫、蓝黄、绿等色

第二节　非金属材料

一、宝石材料

宝石，狭义来讲，是指色泽艳丽、透明度好、硬度高、化学性质稳定且产量稀少的单晶体或多晶体矿物质。广义的宝石则包括无机类和有机类宝石两大类。有机类宝石是指其形成与有机生物体相关的宝石，如珍珠、珊瑚、琥珀等。在这里，我们将宝石理解成广义的概念。这些材料贮存量少且不易再生（珍珠除外），因而十分珍贵。

（一）无机宝石材料

人类自发现那些深埋于地壳之中的五彩斑斓的石头之时起，便承认了它们非凡的价值，并赋予其神秘的力量。这不仅因为它们稀有，更因为人们相信来自大地之腹的它们饱含着天地的精华并具有超凡的能量。它们可以护佑人们，驱除不幸与邪恶，甚至可以延年益寿。时至今日，这些观念依旧萦绕在人们的脑际和心头。因此，即便在纯金属首饰大行其道之时，宝石类的首饰依旧身居高位，且身价百倍并备受青睐。

无机类宝石有钻石（又名金刚石）、红宝石、蓝宝石、祖母绿、猫眼石、石榴石、尖晶石、水晶、海蓝宝石、黄玉、橄榄石、碧玺、翡翠、和田玉、月光石等。其中，钻石、红宝石、蓝宝石、祖母绿属贵重宝石；石榴石、碧玺、玛瑙、绿松石、水晶、月光石、橄榄石等不及贵重宝石稀有，属半宝石。

1. 钻石

钻石是经过琢磨，且在大小、颜色、净度等方面达到宝石学要求的金刚石。最早把这种非金属矿物视为稀世之宝的是两千多年前恒河流域的印度人。公元前 4 世纪，希腊的亚历山大大帝远征印度，钻石遂为希腊人所知，并被命名为 Adamas。这个古希腊词的原义是"天下无敌"，引申为"最坚硬之物"。所以，钻石被视为永恒、力量和忠贞不渝的象征。由于

图 2-2-1 钻石胸针，黄钻、白钻，蒂芙尼，1988 年

图 2-2-2 《海上明月》戒指，红宝石、钻石、18K 金，喻珊，2014 年

图 2-2-3 《天使之翼》项坠，蓝宝石、钻石、18K 金，喻珊，2016

钻石十分稀有，又有如上之特点，故有"宝石之王"的美称。（图 2-2-1）

钻石由碳元素构成，是宝石中唯一由单元素构成的晶体，也是成分最为单纯的宝石。钻石的硬度为 10，是自然界中硬度最高的物质，也是脆性极高的物质。钻石的化学性质稳定，不易与酸碱发生作用。钻石具有典型的金刚光泽，折射率也非常高。如果切磨的款式科学，钻石能把入射到内部的光全部反射出来，使整个钻石光芒四射、耀眼夺目。纯净的钻石无色透明，是钻石中的上品。但由于有其他微量元素的混入，所以钻石会呈现不同的颜色。常见的钻石颜色多是带微黄和褐色调的。黄色或褐色调愈深，钻石的品级也就愈低。有一种无色透明中带一点儿蓝色的钻石被称作"水火色"，堪称佳品。而带深蓝、深黑、深金黄和红色、绿色者，更是少见的珍品，被称为"艳钻"或"奇珍钻石"。有趣的是，同一矿区的钻石颜色相近，有经验的宝石商常可凭此特点认出钻石的产地。

2. 红宝石

红宝石的英文名称是 Ruby，源于拉丁文 Ruber，意为红色。在《圣经》中，红宝石被视为最珍贵的宝石。红宝石浓艳的色彩和所呈现出的旺盛生气，使得其成为不死鸟的化身，也被视为热情的象征。此外，人们还将之誉为"爱情之石"。

红宝石的主要成分是三氧化二铝，属刚玉的一种。因刚玉中含铬而呈现红色，也只有因铬而致红色的刚玉才能称作红宝石。一般红宝石的颜色多呈紫红或粉红。颜色如"鸽子血"一般浓郁鲜艳的红色，被业内公认为是红宝石最美的颜色，被称为"鸽血红"。红宝石硬度为 9，在天然宝石中仅次于钻石。红宝石除切面琢型以外，还有素面切割方式，这种方式适合于具有星光效应的红宝石。星光红宝石通常为不透明或微透明，因含有三组相交呈 120°的平行排列的金红石纤维状包裹体，因此，当垂直晶体 C 轴角度加工成弧面型时，便可见有六射星光。（图 2-2-2）

3. 蓝宝石

蓝宝石的英文名称是 Sapphire，源于拉丁文 Spphins，意为蓝色。古代波斯人认为，大地是由一颗巨大的蓝宝石支撑着的，正是由于蓝宝石的反光才使得天空呈现出美丽的蔚蓝色。在古埃及、古希腊和古罗马，蓝宝石都被视作可辟邪除恶的吉祥之物。所以，当地人们用它装饰清真寺、教堂和寺院，并将其作为宗教仪式的贡物。（图 2-2-3）

蓝宝石的主要成分与红宝石相同，也是三氧化二铝，刚玉的一种。其硬度为 9，也与红宝石相同。红、蓝宝石的不同色彩，是由于它们形成的条件不同使刚玉中所含微量致色元素不同所致。蓝宝石的蓝色是因为刚玉中含铁和钛。实际上，自然界中的宝石级刚玉除红宝石外，其他颜色如蓝色、淡蓝色、绿色、黄色、粉红色、灰色、无色等的刚玉，均可称作蓝宝石。蓝宝石为透明至半透明，有玻璃光泽。

4. 祖母绿

祖母绿的英文名是 Emerald，源于古波斯语 Zumurud，意为绿色之石。我国古时有"子母绿""助水绿"的叫法。祖母绿是很古老的宝石之一，古埃及时就被用来制作珠宝。古希腊人称祖母绿为"发光的宝石"，对其极其崇拜，无比珍视，并认为祖母绿能为佩戴者带来好运，可使人心情愉快。祖母绿也是仁慈、善良、永恒和幸福的象征。（图 2-2-4）

祖母绿是一种含铍铝的硅酸盐矿物，属绿柱石家族中最"高贵"的一员。微量的氧化铬使之呈现出晶莹艳美的绿色。祖母绿为透明至半透明，有玻璃光泽，硬度在 7.25 ~ 7.75 之间。

5. 海蓝宝石

海蓝宝石的英文名是 Aquamarine，"Aqua"意为水，"Marine"意为海洋。据说，古代人们发现海蓝宝石的颜色像海水一样蔚蓝纯净，便赋予它水的属性，认为这种美丽的宝石一定来自海底，是海水之精华。于是它成了保佑航海者安全的"福神"。海蓝宝石也是智慧、幸福的象征。（图 2-2-5）

海蓝宝石也是一种含铍铝的硅酸盐矿物，也是绿柱石家族中的一员。海蓝宝石与祖母绿的关系同红宝石和蓝宝石的关系极其相似，它们都是因为形成的条件不同，而使得主要组成矿物质成分中含有了不同的微量致色元素，所以才呈现不同的颜色。海蓝宝石的颜色主要是由于其微量的二价铁离子所致。海蓝宝石的颜色主要有天蓝色、海蓝色或带绿的蓝色，以通透无瑕、浓艳的艳蓝至淡蓝色者为最佳。海蓝宝石为透明至半透明，有玻璃光泽，硬度为 7.5。

6. 尖晶石

尖晶石的英文名是 Spinel。其名字来源，一说是源于希腊文"Spark"，意为"红色或橘黄色的天然晶体"；另一种说法认为其源于拉丁文"Spina"，意为"小刺"，指代尖晶石八面体的尖端。尖晶石自古以来就被视为珍贵的宝石之一。尤其纯正的红色尖晶石，因其与红宝石的色泽极为接近，极易被人们误认作红宝石。尖晶石是由镁铝氧化物组成的矿物。由于镁铝氧化物中含有多种不同的微量致色元素，因此尖晶石呈现出不同的颜色。尖晶石常以颜色及其特殊的光学效应来划分品种，较常见的有红色尖晶石（尖晶石中最珍贵的品种）、蓝色尖晶石、橙色尖晶石、无色尖晶石、绿色尖晶石、变色尖晶石、星光尖晶石。尖晶石为透明至半透明，有玻璃至亚金刚光泽，硬度为 8。（图 2-2-6）

图 2-2-4　祖母绿胸针，祖母绿、钻石、铂金，约 1928 年

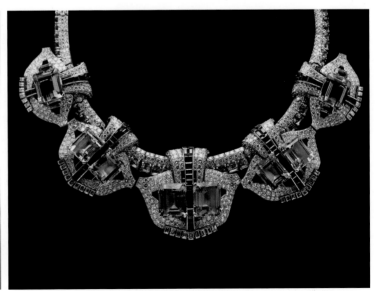

图 2-2-5　海蓝宝石项链，海蓝宝石、蓝宝石，卡地亚，20 世纪 30 年代

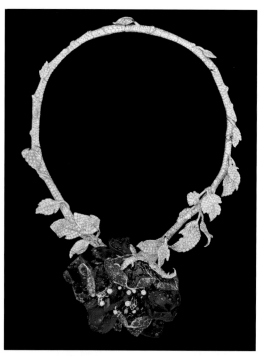

图 2-2-6 《巴黎歌剧院舞会名媛》项链，红尖晶石、红电气石、红宝石、粉红尖晶石、白金、玫瑰金，迪奥，21 世纪初

图 2-2-7 《女巫——紫剑》戒指，紫晶、银，无双，2016 年

7. 锆石

锆石又名锆石英石或风信子石。早在古代的阿拉伯、波斯和印度等地区就十分受欢迎。锆石的英文名源自阿拉伯语，意为朱色和金色。古印度则将锆石称作"月食石"。从这两种不同意思的称呼上可以想象得到锆石的颜色应当是以红色、金黄色和无色为主，此外，还有褐、绿、蓝等色，颜色非常丰富。

锆石是一种硅酸盐矿物，是提炼金属锆的主要矿石。它的化学性质很稳定，可耐 3 000℃以上高温，硬度为 6 ～ 7.5。锆石从不

透明、半透明到透明都有，并具有玻璃至亚金刚光泽。在天然宝石中，锆石的折射率仅次于钻石，因此，切磨后的"宝石级"锆石就成为钻石最好的替代品。

8. 水晶

自古以来，人们就一直将水晶视为最纯洁之物。"圣人智慧的结晶""苍穹中的繁星""少女的泪珠"……不只如此，水晶还被称为"风水石"，人们认为它是大地万物的精华，聚集了天地的灵气。

水晶是大型石英结晶体矿物，主要成分是二氧化硅。它有无色、紫、黄、褐、黑等多种颜色。水晶呈透明或半透明状，具有玻璃光泽，硬度为 7。根据颜色和特殊的光学效应，水晶可分为无色水晶、紫水晶、黄水晶、茶晶、发晶、水胆水晶等多个品种。（图 2-2-7）

9. 玉

东方人，尤其是中国人，对"玉"情有独钟。在中国早期的古代文献中就有记载说，玉是指一切温润而有光泽的美石。并且还将这些美石与"作为标准的人"——君子相并提，把美石的一些美好特征也比喻成君子的美德。在此，玉已不再是无生命的石头了，它的人格化使本来难以言传的"外在美"得以转化，成为鲜活生动的"内蕴美"。这也使玉的美学意义和价值得到了极大的提升。这一类比在后来被进一步道德化、宗教化以及政治化以后，形成了一套复杂的"玉文化"体系。这套体系，在横向上，影响了上至帝王将相，下至黎民百姓等各阶层人士；在纵向上，贯穿了自周代以后的整个中国古代文化，直至今日仍有"余音绕梁"之感。

从目前对中国古代所使用的玉的种类的研究和现在所使用的玉的情况看，我国所谓的"玉"，除了和田玉和翡翠以外，还包括汉白玉、水晶、密县玉、蓝田玉、岫岩玉、南阳玉、酒泉玉等多个品种。西方矿物学者在 19 世纪曾用矿物学的方法对其中几种有代表性的"玉"进行了检测，将和田玉定义为角闪石玉、透闪石玉或阳起石玉，将翡翠定义为辉石玉。本书只介绍翡翠和和田玉这两种典型玉材。

翡翠（Emerald）本是鸟名。中国古代的妇女有将鸟的羽毛做成装饰物用以佩戴的喜好。因此，像翡翠鸟那样艳丽的羽毛就备受青睐。清代，大量缅甸玉通过进贡进入宫廷。由于缅甸玉的颜色多为绿色和红色，与翡翠鸟羽毛的颜色极似，自然就成为贵妇们的新宠，故冠以翡翠之名，并延传至今。翡翠的产地主要在缅甸。虽然日本、俄罗斯、墨西哥、美国加州等地也有出产，但质量与产量远远不如缅甸，所以，习惯上也将翡翠称为缅甸玉。

翡翠属辉石类玉，主要成分是硅酸钠铝，在显微镜下呈晶质粒状、纤维状和毛毡状，硬度为 6.75 ～ 7。翡翠

的颜色较多，有白、绿、红、紫红、黄、黑等色。翡翠极少有透明体，一般为半透明或不透明状。在行业中，翡翠的透明度被称为"水"或"水头"，它是衡量翡翠价值的重要标准之一。透明度越高，水头越足，相对价值就越大。翡翠一般呈现出玻璃光泽或油脂光泽，是东方人最喜爱的宝玉石品种，被称为"玉石之王"。（图2-2-8）

和田玉（Nephrite）因产自新疆和田地区，故称"和田玉"。它是中国人所用玉的代表，可以称作"中国玉"。中国号称"玉器之国"，不仅是因为使用玉的品种多，还因为使用玉的历史也很悠久。中国用玉的历史最早可以追溯到新石器时期，使用的范围涉及生活的方方面面。"玉器之国"最独特的当然不止这些，还在于它独有的"玉文化"。而这所有的一切在和田玉的使用历史中都清晰完整地体现了出来。和田玉尤为可贵的，也是最重要的是它的品质特征。它几乎涵盖了除翡翠之外，其他所有玉的优点，在中国人使用的各种玉中出类拔萃，无与伦比。因此，在中国人的心目中，和田玉一直占据着至尊地位，将它称为"中国玉"当也在情理之中了。

和田玉的主要组成矿物为透闪石，硬度为6～6.5，大多数不透明，个别半透明，具有油脂光泽。根据产出的环境，和田玉可分为山料、山流水、籽料和戈壁料。根据颜色不同，又可分为白玉、青玉、墨玉、黄玉等。白玉是和田玉中最佳者，其色似羊脂雪白，质

如羊膏温润，所以称为羊脂玉。青玉呈灰白至青白色，也有人把灰白色的青玉称为青白玉。碧玉呈绿色或暗绿色。有的碧玉因为含有如铬尖晶石矿物等杂质而出现黑点，当其所含杂质增多而呈现为黑色时，就称为墨玉，十分罕见。尽管存在颜色和纹理的多种差异，和田玉各品种均质地细腻、温润。（图2-2-9）

10. 绿松石

绿松石又名松石，因"形似松球、色近松绿"而得名。它的英文名为Turquoise，意思是"土耳其石"或"突厥石"。有趣的是，古代欧洲人所用绿松石的原产地在波斯（今伊朗），不在土耳其。绿松石从波斯被开采出来，经由土耳其的伊斯坦布尔进入中东和欧洲，欧洲人就误把绿松石认为是土耳其石了。绿松石是古老的宝石之一。在我国，绿松石的使用历史也相当悠久，可以上溯到新石器时期。在古代的埃及、波斯、墨西哥等地都将其视为神秘之物，用来做护身符或随葬品。而印第安人认为它是大海和蓝天的精灵，把它看作是成功和幸运之石，认为它会给远征的人带来吉祥和好运。

绿松石的化学成分是一种含水的铜铝磷酸盐。它是一种不耐热的宝石，在高温下会失水爆裂，在盐酸中还可溶解。绿松石有蓝、浅绿、蓝绿、绿等多种颜色。绿松石为不透明的块状体，具有柔和的玻璃至蜡状光泽。绿松石储备量巨大，其产地主要有中国、埃及、伊朗、印度、美国等国家。（图2-2-10）

 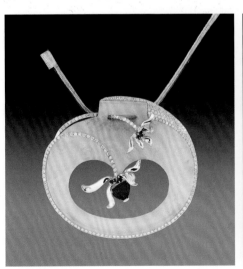 

图2-2-8　《团花簇锦》戒指，翡翠、钻石、18K金，喻珊，2016年　　图2-2-9　《蕙质兰心》项坠，和田玉、红宝石、钻石、18K金，喻珊，2014年　　图2-2-10　绿松石和缟玛瑙项链，George Fouquet，约1924年

11.欧泊

欧泊的英文名是Opal。有的说它源于拉丁文Opalus,意为"集宝石之美于一身",也有的说它来源于梵文Upala,意为"贵重的宝石"。不管怎样,欧泊都因为神秘变幻的色彩与光泽,一直被人们所喜爱和珍藏。古罗马自然科学家普林尼曾说:"在一块欧泊石上,你可以看到红宝石的火焰,紫水晶般的色斑,祖母绿般的绿海,五彩缤纷,浑然一体,美不胜收。"这就难怪莎士比亚和杜拜等文学艺术家都对它做过诗意的评价和描述了。(图2-2-11)

图2-2-11 欧泊项链,欧泊、钻石、黄金、珐琅,L.Gautrait,约1900年

图2-2-12 珍珠双指戒,淡水珍珠、锆石、925银,APM

欧泊是含水的非晶体二氧化硅。它是一种具有变彩效应的玉石。欧泊的颜色分体色和伴色,体色有黑、白、橙、蓝、绿等色;伴色有红、橙、黄、绿、蓝、紫等色。欧泊有透明、半透明或不透明体,具有玻璃至树脂光泽。欧泊的主要产地在澳大利亚,墨西哥、巴西等国也有出产。

(二)有机宝石材料

考古发现,人类在幼年时期便已开始使用其他动物的骨骼、牙齿、角以及毛和皮等,或是它们的生成物,如珍珠和珊瑚等来装饰身体。这些被用于装饰的物质要么颜色鲜艳、稀有难得,要么就是人们认为它们具有某些奇特的功能和非凡的意义。历经时间的大浪淘沙,这些物质有许多沉积了下来,成了美化人们生活的必需品。它们的价值有的可与无机类宝石相比,有的甚至还有过之。由于它们源自有机体或是由有机体衍生而成,为了同无机类宝石相区分,而被称为有机宝石。它们包括珍珠、珊瑚、象牙、琥珀、龟甲等。有机宝石也是制作首饰的主要材料,为首饰设计提供了无限广阔的创作空间。

1.珍珠

珍珠的英文名是Pearl,源于拉丁文Pernnla,意为"海之骄子"。与其他宝石不同的是,珍珠圆润饱满的外形和绚丽的光泽是自然天成的,无须雕琢即为佳饰,因此,一直为人们所珍爱。珍珠出现的时间,据地质学和考古学的研究证实,大约是两亿年前。珍珠的使用历史也非常悠久,这从各民族古老的传说中可见一斑。在古印度,人们相信珍珠是由诸神用晨曦中的露水幻化而成。佛教将珍珠视为佛家七宝之一,在恒河文化中享有极高的声誉。罗马神话中认为美神维纳斯出生在贝壳中,当贝壳打开的时候,从她身上滴下来的海水就变成了一粒粒晶莹剔透的珍珠。我国古代传统的"四宝"即指珍珠、玛瑙、水晶和玉石。珍珠圆润细腻,绚丽多彩,高雅纯洁,被誉为"宝石皇后"。

珍珠产在珍珠贝和珠母贝等贝类体内,是这些动物由内分泌作用而生成的含碳酸钙的矿物珠粒。颜色有白色系、红色系、黄色系、深色系和杂色系五种色系。珍珠多数都不透明。形态以正圆形为最好。古时候人们把天然正圆形的珍珠称作"走盘珠"。

根据成因,珍珠可分为天然珍珠与人工养殖珍珠;根据出产环境,又可分为海水珍珠和淡水珍珠。以下是比较具有代表性的珍珠种类。

淡水珍珠:绝大部分来自中国。颜色以银白、粉红为主。其圆度和光泽度往往比不上海水珍珠,因而价格也相对较低,但一些高质量的淡水珍珠也具很高的价值。(图2-2-12)

南洋珍珠:产于南太平洋海域沿岸的天然或养殖的海

水珍珠。其颜色较多，从银白至金黄都有，尺寸也较大。因其色泽华美，被誉为"珍珠中的女王"。（图2-2-13）

欧卡娅珍珠：是以日本南部沿海港湾地区为主的海水养殖珍珠。其颜色多为银白、粉红。欧卡娅珍珠与淡水珍珠较为近似，但比较后会发现，欧卡娅珍珠无论是大小、光滑度、光泽度、圆润度等都比淡水珍珠要好，因而价值也更高。（图2-2-14）

大溪地黑珍珠：又称塔希提黑珍珠，产于南太平洋法属波利尼西亚群岛的珊瑚环礁。大溪地黑珍珠以天然黑色为基调，兼具绿、浓紫、海蓝等色，有类似金属的泛光。（图2-2-15）

2. 珊瑚

珊瑚的英文名是 Coral，源于古波斯语 Sanger，意为"石"。它是由一种生活在海底的腔肠动物——珊瑚虫的石灰质骨骼堆积形成的。由于珊瑚整体外形酷似树枝，所以又被称为"石花"。珊瑚有多种颜色，以红色最令人着迷，业界将上等的通体火红的珊瑚称作"辣椒红珊瑚"。古罗马人认为红珊瑚具有防止灾祸、给人智慧的功能，故称红珊瑚为"红色黄金"。佛教教徒们用它装饰佛像或将其做成佛珠，可见对其的重视程度。珠宝界将珊瑚、珍珠、琥珀并称为"三大有机宝石"。（图2-2-16）

珊瑚从质地上分为钙质型和角质型两种。钙质型

图2-2-13 《爱神》项坠，南洋珍珠、钻石、18K 金，喻珊，2014 年

图2-2-14 《危险信号》戒指，阿古屋珍珠、18K 金，塔思琦

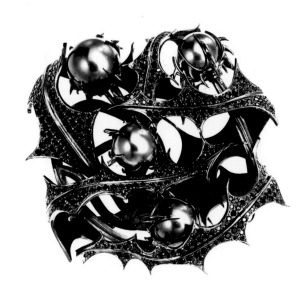

图2-2-15 《银蓟》胸针，大溪地黑珍珠、氧化银，shaun Leane，2006 年

图2-2-16 19 世纪中期的各种珊瑚制品

的主要成分是碳酸钙，颜色有红、白、蓝三种；角质型的主要成分是有机质，颜色有金黄色和黑色两种。作为宝石使用的通常是色彩艳丽的钙质型红珊瑚。尽管现代首饰也有使用金黄色和黑色珊瑚为材料制作的，但其价值远不及红珊瑚。珊瑚都是不透明或微透明的。珊瑚主要产自于日本和我国，意大利、西班牙也有出产。

3. 琥珀

琥珀的英文名是 Amber，源自拉丁文 Ambrum，意为"精髓"，也有说是源于阿拉伯文 Anbar，意为"胶"。琥珀是一种非常古老的宝石饰品。在中国、希腊和埃及的许多古墓中，都曾出土过用琥珀制成的饰品。古罗马的妇女们喜欢将琥珀拿在手中把玩，原因是琥珀在受到手掌的摩擦时会因受热而发出一种淡淡的、优雅的芳香。在古罗马人的眼中，一个琥珀刻成的小雕像远比一名健壮的奴隶的价值要高得多。琥珀也是佛家七宝之一。

琥珀是数千万年前被埋藏于地下的树脂经过一定的地质变化而形成的一种树脂化石，属有机质。琥珀原石的形状多种多样，表面常保留着当初树脂流动产生的纹路，其内部可见气泡，有的还包裹着昆虫或植物碎屑。有昆虫的琥珀又称为"虫珀"，相对稀少，故较为珍贵。琥珀有血红、黄、黄棕、棕、蓝、淡绿等多种颜色。琥珀有透明、半透明以及不透明体。不

图 2-2-17　琥珀雕珠

透明的琥珀通常也称作蜜蜡。琥珀有玻璃样光泽。在150℃温度时，琥珀会软化。它还可溶于酒精。

琥珀的产地较多，以波罗的海沿岸国家，如波兰、俄罗斯等国出产的琥珀为最佳，这种琥珀透明度较高，品质极佳。在我国的辽宁省抚顺地区也有出产，这种琥珀产于煤层中，其形成年代久远，品种多，品质佳，尤其"虫珀"等品种更是珍贵难得。（图 2-2-17）

二、其他非金属材料

材料本身即蕴含着丰富的美。多维材质在首饰设计中的运用无疑极大地丰富了美的元素，拓展了首饰的表现空间，首饰的语言更多元、自由了。首饰不再止于贵金属和宝石之间的游弋，而是向更广阔的空间寻找能表现自我的语言载体。

（一）木材

与其他传统非金属首饰材料相比，木材与首饰有着更深的渊源。我们知道，艺术的发展是与生产力的进步息息相关的，首饰也一样。在采集渔猎时期，符合当时生产力发展状况的首饰材料应该多取自于自然，要么是对自然物的直接利用，要么就是对相对易于加工的自然物做有条件的简易加工处理。显然，无论是直接利用还是简易加工，木材都要比矿石和动物的牙、骨更易于寻找和制作。又因木材纹理丰富、质地细密等特点，使之成为相对理想的首饰材料。现举两个简单的例子予以说明。一是发饰中常见的"梳子"。从"梳"这个字的构成即可知其制作材料最早应该是木或竹，而后出现的玉质、骨质和金属制的梳子，都是在此基础上的"衍生物"。"钗"也是一样。虽然从"钗"这个字上看，它应该是由金属制作的，但从"荆钗布裙"这一词汇中可知，它的出身最早也是竹木一类无疑。因木材难以长久保存，所以至今未见到较早的如原始时期的木质首饰实物，但我们不能据此否认木材用于制作首饰的悠久历史。另外，木材没有最终成为首饰制作的主流材料，应该不仅是因为材质本身的性能和表现力，还有社会的价值观念等因素的综合作用。但作为首饰设计师来说，我们关心的不是材料是否能成为首饰的主流材料问题，而是材料特有的性能和表现力等问题。在审美价值日益得到认可并受到重视的当下，这一绿色、廉价的材料已成为时尚首饰的新宠。（图 2-2-18）

一般来讲，适于首饰制作的木材要求是质地细密均匀、纹理变化丰富、硬度和弹性较好者，如黄杨木、花梨木、油橄榄木、檀木、桃花心木、胡桃木、橡木等。

就材料自身因素而言，木材天然的纹理和色泽本身已具有很高的美学价值。因此，设计师在选择木材时首要考虑这一先天因素，以便在设计中充分利用并展现材料自身的特性优势。

（二）玻璃

玻璃的主要成分是二氧化硅。在 1 200℃至 1 400℃间，它会变成黏稠的液体，在冷却过程中黏度逐渐增大，最终硬化为非晶体物质。人类最初使用的玻璃是从火山喷发产生的熔岩的凝结物中得到的。后来，人们通过对这种凝结物进行模仿，才出现了人造玻璃。在我国古代，人们把玻璃称为"琉璃""水精"。那些由"琉璃"制成的饰物，古人不仅生前物不离身，死后还要随之入葬，足见对其的珍视程度。在传统首饰中，玻璃曾一度扮演着高档宝石替代品的角色，所以在使用中就一直缺乏从它的材料本身特征出发而做的设计。但在现代首饰中，尤其是在艺术首饰中，玻璃已不再是替代品，而是一种自由独舞、极具个性的材料了。

玻璃酷似水晶，但二者又有很大的不同。它有着水晶也不可比肩的、较高的透明度和良好的光泽，并易于着色。玻璃是非晶体物质，非晶体物质没有固定的熔点。玻璃在 700℃左右时即开始软化，在 1 200℃以上则熔融。在熔融状态下，利用吹塑等工艺可随心所欲地赋予其任何所需要的形状或肌理，冷却后也不会有什么改变。这些特点也是陶瓷等其他材料所不具备的。（图 2-2-19）

（三）亚克力

亚克力的研制使用已有上百年的历史。它是丙烯酸类和甲基烯酸类化学品的通称，包括单体、粒料、板材以及复合材料。亚克力板就是由甲基丙烯酸甲酯单体(MMA)聚合而成，即聚甲基丙烯酸甲酯(PMMA)板材，俗称有机玻璃。从称呼上就可断定亚克力板应拥有众多特殊性能。特殊性能之一，它是聚合物，所以可根据需要制成各种类型和色彩的板材；特殊性能之二，它拥有玻璃的透明度，亚克力板的透光率可达 92%，有"塑胶水晶"之美誉；特殊性能之三，质轻；特殊性能之四，机械强度很高，抗冲击力强。此外，亚克力板还具有良好的耐化学腐蚀性和抗老化性，长期风吹日晒也不会发生性能上的改变。因此，亚克力这种现代化工原料在现代艺术首饰中也可有一番作为，并占有一席之地。当然，亚克力的表现语言也是多样的，如图 2-2-20，作品利用了亚克力材料半透明及细腻的特征。

图 2-2-18　《无题》手镯，纯银、核桃木，Christina Lin Ziegler，2002 年

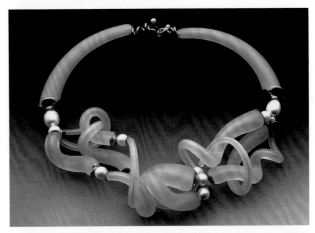

图 2-2-19　《蓝霜》项链，玻璃、14K 金、珍珠，Joyce Roessler，2005 年

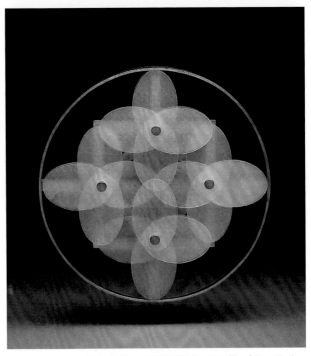

图 2-2-20　《无价的项坠》，聚丙烯、皮绳，18k 金，Christel Van Der Laan，2005 年

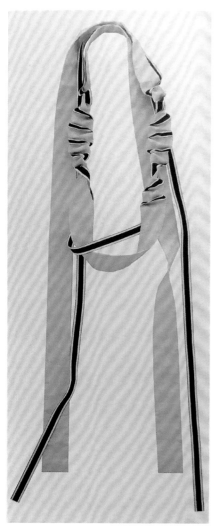

图 2-2-21 颈饰，纺织面料，Christian Hoedl，2007 年

图 2-2-22 《摇曳的戒指》，日本手工纸、银、不锈钢丝，Kayo Saito，2001 年

（四）纺织面料

提起纺织面料，人们首先想到的应该是服装，而非首饰。虽然首饰早已从服装的从属地位中独立出来，但也始终与服装保持着非常亲近的关系。因此，原本用于制作服装的纺织面料也被用来尝试制作首饰。尽管布艺首饰在我国少数民族的饰品中早已有之，且非常流行，但与当下的布艺首饰概念和所具有的独立意义显然还是有所不同的。当今，纺织面料也和金属、陶瓷等材料一样，开始在首饰中以独特的语言方式来表现自己。

总体上讲，纺织面料的质感都比较柔和、坚韧，但不同面料的质感差别还是很大的：棉纤维面料质朴、柔和；麻纤维面料自然、粗犷；毛纤维面料饱满、蓬松；蚕丝纤维面料细腻、光滑；再生和合成纤维面料的质感就更加丰富了。不同的面料，不同的纺织印染技术，加上不同的剪裁和制作工艺，使纺织面料制作成的布艺首饰如"霓裳羽衣"，异彩纷呈。（图 2-2-21）

（五）纸

纸是我国古代四大发明之一。在西汉时期，我国就已发明用麻类植物纤维造纸。这种本来用以书写、绘画、印刷或包装的材料，不知何时受到了首饰设计师的青睐而不时出现在人们的头顶及项上。

相对于金属、木材、陶瓷等材料而言，纸张表现的自由度更大，手法也更丰富多样。首先，纸的种类繁多，可利用空间大。其次，纸张加工相对便捷，如需要特殊效果的纸料，可在现有成品纸的基础上进行加工，也可根据需要配制成分，制造出预想效果的纸料或作品。最后，纸质首饰的加工制作手法，可通过折叠、堆塑、揉搓、缝制、编结等技法随意造型，又可任意渲染着色。

由于纸在人们的生活中随处可见，须臾不离，这种熟悉程度使得纸与人有种特殊的亲和力。这种亲和力使纸质首饰突破了人们对首饰传统的"价值恒久远"的观念，而悄然成为人体装饰的又一独特方式。（图 2-2-22）

（六）陶瓷

人的生存离不开土地，创造也源于此。人类第一件完全意义上的人造物就是用土烧制成的陶。陶，已不再是人类对自然物的直接撷取利用，它是土与火的交响，在这交响中还凝聚着作为主体的人的巨大的精神力量。这种力量代表了人可以按照自己的设想来创造事物。因此，几千年来，这种如上帝造物般的快感使人们对陶瓷始终保持有一种热情。那么，用陶瓷作首饰来装扮自身，想来也是一大快事。

陶瓷是用天然矿物质和人工制成的化合物为原料，按一定量配比后，经混合细磨、成型、烧结制成。陶瓷包括陶和瓷两大类。通常把胎体没有致密烧结的黏土和瓷石制品统称为"陶器"，而把经过高温烧成、胎体烧结程度较为致密、釉色品质优良的黏土或瓷石制品称为"瓷器"。

陶瓷饰品的表现空间极大，它一直都是现代首饰关注的重点。在这类首饰作品中，我们既可以欣赏到青花、粉彩、斗彩等传统陶瓷工艺形式，也可以看到现代人的某些艺术观念和主张。（图2-2-23）

（七）其他材料

动物的毛、皮，植物的茎、叶，工业产品和机器的零部件等，都可作为首饰材料。现代首饰材料的丰富多样可以说是前所未有的。

图2-2-24《大苏尔》项链采用植物叶片与金属材料搭配的方式制成。在这件作品中，项链的主体是红色的桉树叶，银只起到了点缀陪衬的作用。将植物叶片做如此安排处理，使得作品有种回归自然的效果。

图2-2-25《齿轮环》耳环以手表零件为主体制成。用机械零件做成的东西总是使人感到有一丝冰冷和生硬。虽然作品有明快的节奏，但还是觉得它有种冷漠和沉重。幸运的是，在这些精密的配件中蕴含着一种整饬的秩序美，而使人略感安详，从中可见设计师的良苦用心。

在这一章里，我们介绍了一些传统首饰很少使用，或者根本没有使用过的材料，这是由于时代使然，也是艺术自身发展的必然。时代影响人们的审美，而人们的审美也会造就一个时代。虽然以往人们对首饰也都有各自的理解，但总体上看，人们的观念更多还是倾向于首饰是身份、地位和财富的象征。所以，无论当时是否有如现代一样的材料和技术，设计师或工匠们还是会做珠宝首饰。而现如今，人们不再耽于物质或身份，更多关心的是对生命本体的尊重和个性自由美的体会。艺术，就是要摆脱或打破既有，其生命力就在于不断创新。因此，时代与艺术二者结合，使得现在首饰的设计理念、使用材料和加工工艺都发生了重大改变。但必须一提的、极为重要的一点是：我们在探索使用新材料时，要注意材料的化学稳定性等因素，不要给使用者带来不必要的伤害和麻烦。同时，还要注意加工和使用过程中出现的环保问题，以及资源问题。

艺术是为了美，但不是单纯为表面的、狭义的美而美，是要为人及其类而美，尤其是设计艺术，否则便毫无意义，甚至适得其反。本章的图例展示了一些艺术家们的优秀作品，他们的不懈探索使我们看到了首饰无限光明的未来，而我们的努力也将留给后人更美好的明天。

图2-2-23 《撒旦袖口》，陶瓷、纯银等，Peter Hoogeboom，1996年

图2-2-24 《大苏尔》项链，标准银、桉树叶、亚麻线，Sarah Hood，2000年

图2-2-25 《齿轮环》耳环，14K金、不锈钢、老式手表零件，Lynn Christiansen，2006年

思考与练习

1. 白金与铂金的区别是什么?

2. 举例说明金银的特征,包括物理、化学,以及人文、心理等方面的特征,并谈谈自己的认识和理解。

3. 讲述钛金属的性能及其在首饰设计中的可能性,注意突出该金属可利用的以及自己感兴趣的特征。

4. 重点研究几种自己最感兴趣的宝石,对其产地、特性和人文心理意义等逐一做对比,并做对照表。

5. 选取经典首饰作品,在保留其基本造型的前提下做材料置换练习,分析不同材料的特性差异以及相关工艺的运用。

6. 现代首饰材料与传统首饰材料有何差异?传统首饰材料发展到现代,其运用上又有何不同?

7. 优秀的首饰作品会充分利用材料的特性。收集一些经典作品,并按材料分类,概括其材料的语言表现特征,讲述材料之美是通过怎样的方式表现出来的。

知识链接

1. 杨如增、廖宗廷《首饰贵金属材料及工艺学》,同济大学出版社,2002 年

2. 廖宗廷、周祖翼、马婷婷、陈桃《宝石学概论》(第二版),同济大学出版社,2005 年

3. 陈征、郭守国《珠宝首饰设计与鉴赏》,学林出版社,2008 年

4. 郑建启、刘杰成《设计材料工艺学》,高等教育出版社,2007 年

5. Design-Ma-Ma 设计工作室《当代首饰艺术:材料与美学的革新》,中国青年出版社,2011 年

6. Oppi Untracht.*Jewelry Concepts and Technology*,Published by:Doubleday Book,A Division of Bantam Doubleday Dell Publishing Group,Inc.,1982.

7. David Bennett,Daniela Mascetti.*Understanding Jewellery*,Reprinted by:Page One Publishing Pte Ltd,2008.

第三章　设计方法及流程

所谓"设计"，就是设想、计划、筹措完成的过程，是人类为实现某种目的而进行的有计划的造物活动。在造物时表现为造物者的预先设想（即目的）、计划、思考与实施的过程。

设计是人的感性思维体验的理性规范与表述。它是一种人性的反映，表现为对人类自身生命本体节奏和内在灵魂的关怀。同时，它也表现为如宇宙一样，对平衡秩序和规律的追求。

从设计的发展看，设计经历了从传统工艺设计到现代设计的过程。传统工艺设计发生在工业化大生产之前，是集设计与制作于一体的个体劳动行为，设计者也是生产者。此时设计没有脱离生产成为独立的活动，它要为生产服务。现代设计是现代文明、工业化的产物。与传统工艺设计相比，现代设计有这样两大特点：从现象上看，设计脱离了生产，成为独立的行为，它不再从属于生产、为生产服务，相反，生产要为设计服务；从本质上看，设计真正体现出了人的本质力量，它成了一种直接的、巨大的生产力，是一种原动力。这些特点的形成具体表现在以下三方面。

1. 影响计划、构思的形成因素发生了改变。现代设计要满足的是现代人的需求，而现代人的需求是多元的，人们不只需要满足生理的需求，也需要满足心理的需求；不仅需要产品的功能，还需要产品有形式和激情。

2. 生产技术条件发生了改变。由手工制作到机械加工，生产方式改变了人们的生活方式，同时也改变了人们的思维方式。

3. 现代设计是多种学科的综合。这也决定了它的复杂性和综合性。关于现代设计，有必要强调以下几点。

①设计的终极目的是要改善人的生存环境和状态，使人们生活得更好、更美。每一个设计都有其需要解决的问题，因此，首先要明确其需要解决的问题是什么，之后再围绕问题来展开设计。对于问题的解决，不仅要满足基本需求，还要有美好的追求。

②设计是整体的、系统的事情。对于设计而言，重要的不仅仅是最终实现作品本身，还包括前期的定位设想、调研、分析、策划、制作实现，后续的销售、反馈等诸多的"事"都不可忽视。

③设计是一种文化，有"源""流"之别。设计除了"原创"之外，还有大量的"再设计"。这些"再设计"是在"原创设计"的基础上，对审美、功能、材料和技术等方面的调整与生发。

首饰在劳动中产生，随着社会生产力的提高与人的审美观念发展而变化。最初的首饰多是由工匠根据经验而作，这种方式更多停留于技术层面，难以摆脱经验的束缚，同时也因为缺乏可预见性，使后续的调整与修改的工作量大大增加。随后，当感性的经验积累上升为理性的规律总结时，思维方式也由亦步亦趋式的效仿转变为推陈出新式的创造。进入工业时代，当设计真正地摆脱生产之后，才有了真正意义上的首饰设计。

首饰设计发展至今已与传统的制作大相径庭，它是人、事、物三者的综合和相互作用的结果。

关于"人"

人是设计的灵魂。设计师与顾客／佩戴者之间相互促进，设计方可升华。

①首饰设计师

现代首饰设计师有别于传统工匠。他们重视自我独立意识，有意将个性表达融入设计之中；他们具有现代意识，大量接收丰富的资讯，具有更为广阔的视野；专业学科建设的不断完善培养了首饰设计师良好的艺术修养与专业技能。此外，现代首饰设计师交流频繁，跨界设计也不断涌现，为首饰设计注入了新鲜血液，也为设计师提供了更多的启发。

②顾客／佩戴者

首饰的拥有者不再局限于少数权贵和富裕阶层，更多的则是平民大众。随着大众消费能力的提高以及消费观念的改变，顾客／佩戴者的视野更为广阔，具有更为开放多元的、更高的审美需求。人们佩戴首饰的目的也不再止于彰显财富，而更多专注于精神层面的表达，专注于个性的传达以及兴趣、品位的展现。

关于"事"——首饰设计

①目的性、针对性更强，划分更细；

②注重观念的表达，而非纯粹的"装饰美"；

③多样的设计风格并存；

④新的表现理念、表现手法的运用；

⑤对现代艺术的借鉴与吸收；

⑥新材料、新技术的运用；

⑦对民族文化的再审视。

关于"物"——首饰

①功能的变化：首饰的宗教性功能逐渐隐退，审美功能、心理功能、社会功能、文化功能等得以保留。审美功能成为主要功能，社会功能的内涵发生了改变。

②内涵的变化：摆脱了财富等级的印记，更多表达人的思想观念和审美品位。

③形式的变化：异彩纷呈，多样并存。现代艺术首饰与现代艺术流派如出一辙。

④时代性、流行性：现代社会文化思潮（尤其流行文化）、现代科技的影响，使得现代首饰富有时代性与流行性。

第一节　首饰设计要素

一、目标与定位

在第一章"首饰的分类"一节里，首饰按照功用分为艺术首饰和商业首饰。商业首饰进一步细分为大众首饰和定制首饰。艺术首饰和商业首饰在设计追求上是不同的，艺术首饰更趋向于艺术创作。在设计中，设计师直抒心意，其作品的主要目的更多是倾向于展示和表达。顾客也相对虚拟，他们更多是作品的欣赏者，倾向于对作品的审美而非佩戴。商业首饰则不同，商业首饰的最终目的是要进行销售，销量是衡量作品的一个决定性因素，因此，客户指向性相对明确。正因为如此，商业首饰设计的目标与定位显得尤为重要，准确的目标定位也是规避商业风险的一个重要保证。

所谓"有的放矢"，正是强调做事要有明确的目的性和针对性。目标明确，方向清晰，才更易准确把握作品调性。尤其是对于商业首饰而言，目标的确立非常关键。现在很多商业首饰品牌通常会借助市场调研等手段来确立自己的目标和产品定位。

如果说具体的设计方案是战术，那么，定位则相当于战略，它是赢得战役胜利的关键所在。尽管定位的概念是属于营销学的范畴，但作为设计师，也有必要明确定位，从而在设计上、在市场中获得制胜策略。

在营销学中，定位涉及市场定位、客户定位、产品定位、品牌定位等。本书主要介绍两个要点，一是关于"人"的定位——客户定位，二是关于"物"的定位——产品定位。

（一）客户定位

定位的聚集不在于围绕作品或产品，而是围绕"人"来展开。这里的"人"是指客户，就大众商业首饰而言，主要指"潜在客户"；就定制商业首饰而言，则是指具体的"客户"。客户定位关键在于探寻客户心里已有的认知，满足已有认知，重组与已有认知相关联的其他认知，探寻、引导可能的认知。

当今世界，经济市场化程度的不断加深以及买方需求的多样化，促使市场细分进一步加速，通吃产业链的产品已经成为过去时。细分消费者，再针对某一层面消费者的不同需求制定产品定位，才能提高企业的竞争力。

以大众首饰为例，通常情况下，企业或品牌都无法将自己的产品丰富至满足对同类产品有需求的所有客户，其只会根据自身情况选择向特定的客户提供有针对性的产品。这些特定的客户就是目标客户群体。目标客户群体的确立主要依据两个方面：一是与品牌定位具有共同偏好和需求的消费群体；二是寻找能帮助品牌实现预期效益以及销售收入的群体。影响目标客户群体的定位因素包括地域分布、性别、年龄、信仰、爱好、收入、性格、价值取向等。

（二）产品定位

客户定位是"的"，产品定位是"矢"。产品定位是指在产品设计之初，赋予产品在目标客户群体心目中的"形象"与特点，以满足顾客一定的需求和喜好。此处的"形象"是一个广义的概念，可将其理解为产品风格，也可以理解为企业整体形象，甚至包含客户在享用产品时的目标程度的预期设想。传统首饰更多停留在单纯的视觉感官刺激与体验层面，而现代首饰则大大提升了佩戴者的参与程度，并力图唤起佩戴者的内心情感，甚或说产品的佩戴就是其个性的彰显。产品定位需要考虑以下几方面因素。

1．用途

首饰的用途是定位的首先要素。它直指使用对象以及与之相关的一系列信息，是首饰设计中必须考虑的要素。

2．"TPO"

"T"即Time（时间）：包含佩戴季节以及时间段。不同时间段，人们的穿戴会不同，首饰的佩戴也会有相应的不同要求。"P"即Place（地点）：主要指佩戴首饰的社会人文环境。如在办公室与在娱乐场所所佩戴的首饰是不同的。"O"即Occasion（场合）：有特定的时间与空间的限定，强调使用环境当时的某些特定情况。如，同样是晚宴，正式晚宴和闺蜜聚会

晚宴时的首饰佩戴也会有所不同。[1]

3．产品／品牌差异性

确立产品／品牌自身与其他同类产品／品牌的差异性，并为产品／品牌锁定受众群。这也是使产品／品牌得以在激烈的市场竞争中胜出的关键之一。在明确差异的情况下，展开设计，才会使设计有更强的针对性，风格也会更加明晰。

4．价格预算

价格预算不仅影响产品的材料、工艺，还会影响产品样式的设计等方面内容。因为不同的造型设计可能会使产品成本相差很大，尤其在高级定制中，一般是根据顾客预算费用来考虑设计的问题。

二、题材来源

题材，即作品所表现的、具有一定意义的物象或事件等内容，是作品内容的构成要素之一。自然界中的物象、人的观念和情感等，都有可能成为设计师灵感的种子，从而引发出以此为表现题材的设计。题材是设计师在观察体验社会生活的过程中，对事物和现象等进行选择、提炼、加工、发展而成的内容，是设计师传达思想以及对世界的认识或看法的直观表述形式。因此，题材的选取受设计师的世界观、生活阅历、审美趣味等影响。题材也是时代思想和社会审美情趣的反映。

（一）自然的提取

从最初对自然物的直接撷取利用，到对动植物等自然形象的有意模仿，我们不难看出人们对养育自己的大自然的无限热爱之情。美丽而神奇的大自然不仅给人类提供了广阔的生存空间，还激发了人类无限的想象。

真正有设计可言的历史，当是在人类对物质材料的驾驭能力和审美能力提高到一定程度的情况下才开始的。从首饰的角度讲，就是人们对饰品的制作脱离了对材料的直接利用，可以根据自我意识做简单的加工时开始的。在设计开始的初期，首饰的使用价值高于（优于）审美价值的时候，即便是对动植物最简单、最直接的模仿，都含有原始观念和特定的精神内涵。

人们对物象的表达，除了对物象进行直接描绘以外，物象中特有的纹样或局部造型也可能成为表现的

1　TPO原则在1963年由日本男装协会作为年度流行主题时提出，通过确定男装的国际准则，以提高人们的整体着装形象。

主题。很显然，这种以局部代整体、以特征代事物的表达方式，说明人们更注重的是对事物中美的元素的表现，而不关心物象整体究竟描绘得如何。如图 3-1-1 的百合对戒，设计者便是以百合花瓣翻转的局部造型来表现百合的高雅纯洁的。

　　无论是对现实物象的直接描述，还是对局部装饰纹样的抽象提取，人们并不满足于这种直接的呈现。在体验美的过程中，人们越来越倾心于自然形象和局部纹样等给人带来的印象与感受。尽管现代的人们对物象的描述已较少含有宗教情结，但信仰的传统观念被保留了下来，对美好愿望的寄予依旧频频出现于现代首饰设计中。

　　《瓦猫系列》诞生于设计师的云南丽江之行。作品取材于当地民居屋脊上安置的一种陶制吉祥物——瓦猫。作品保留了瓦猫头部面目狰狞的夸张造型，传递出纳福辟邪的寓意。瓦猫的形象诙谐可爱，从而使严肃的话题变得平易近人。它又似一个载满纳西古文记录的信物，记录了那段轻松愉悦的美好旅途。（图 3-1-2 至图 3-1-4）

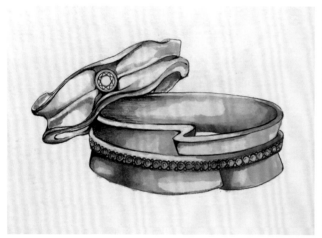

图 3-1-1　百合对戒手绘图，喻珊，2015 年

图 3-1-2 瓦猫花勒咪项坠，990 银、橙月光、红宝石，喻珊，2010 年

图 3-1-3 瓦猫花勒若手镯，990 银、红宝石，喻珊，2010 年

图 3-1-4 瓦猫花勒卟男戒和花勒咩女戒，990 银、红宝石，喻珊，2010 年

（二）观点与概念的描述

观点是人们观察事物时所处的立场或出发点，是人们对待事物的看法和理念。概念是人对事物特有属性或本质的认识。观点具有主观性，而概念则是从感性认识上升为理性认识，是一种普遍认同的、概括性的、抽象的认识。不同的人由于知识结构、生活阅历和所处地域等的不同，对同一事物的认识是不同的。即使是同一个人，在不同时期对同一事物的认识也存在差别，就算是对普遍认同的"概念"的认识也如此。这正与"盲人摸象"的故事所蕴含的道理相同。事物是立体的、多维的，对事物的每一种认识都有一个角度，也只能代表事物的一个面。因此，只要你的认识有根源，并且能够自圆其说，那么就有其合理性。

设计师从艺术及实用的角度对自己和人们的认识进行审视，并将人们习以为常而经常被忽视的或潜在的不为人知的认识用设计作品的形式表现出来，引起人们的思考，使人们获得新的认知或感受，这也是设计师常用的手法。

"迷"是一个抽象的概念。如图 3-1-5《容易解决的，我亲爱的华生》，即是作者对"迷"这个抽象概念的一种具象诠释。作者使用宝石放大镜来传达这个抽象概念的含义，让人眼花缭乱的图案，使人眩晕的凹陷圆环，造成了一种视觉上的错乱效果。放大镜用来做什么？是为帮助迷途者寻找出路吗？在放大镜中又能看到些什么？能看到宝石的结构。但能看到宝石背后金钱与交易的本质吗？人们沉"迷"于其中，绝不是放大镜所能看得清楚的。相反，用放大镜看，是越看越"迷"，"迷"的不是别人，是人们自己。

观念或寓意通常是通过具体事物或形象来表达。图 3-1-6 的小鸟胸针是卡地亚于 1947 年设计的作品。胸针塑造了一只从笼中逃逸出来的小鸟。小鸟飞出鸟笼时轻松愉快的造型寓意了自由的伟大与可贵。

（三）状态的摹写

在首饰的发展进程中，随着原始崇拜和宗教信仰等观念的逐渐减弱，原来附加于首饰上的神圣光环也随之消失。首饰走向了纯粹的自我表现阶段，题材变得愈加平凡而亲切。尤其现代首饰设计中，一些日常行为动作、心理状态也成了设计师表现的题材，有些甚至是非观念性的、轻松诙谐又难以言说的感觉。由此，我们也可以看到现代首饰设计师设计思想的自由以及表现手法的多元和独特。

"行走"是一个再也普通不过的动作。在作品《行走中的戒指》（图 3-1-7）中，"行走"的动态被设计师"抓拍"下来。具象的形体动作被抽象的几何化形体所替代，生动的动态被瞬间定格下来。诙谐的造型，简练的语言，生动而富有情趣，或许，这正是设计师的可爱之处。他们不仅具有发现的眼光，还能将这些"现实"加以提升，甚至加上戏剧性的色彩。

设计师对生活的感受有时会像写日记一样用首饰的语言记录下来。《焦糖滋味》（图 3-1-8）源自作者在品尝焦糖布丁时的感受。淡淡的酱褐色，香甜的气味，细滑的口感，布丁滑过口腔，留于唇

图 3-1-5 《容易解决的，我亲爱的华生》，18K 金、925 银、宝石商放大镜，Scott Keating，1999 年

图 3-1-6 小鸟胸针，珊瑚、青金石、蓝宝石、钻石、黄金、白金，卡地亚，1947 年

图 3-1-7 《行走中的戒指》，银、氧化银、红色羊毛，Dorothy Hogg MBE，2002 年—2003 年

图 3-1-8 《焦糖滋味》戒指，黄水晶、银，喻珊，2014 年

齿之间的焦糖浓香久久不去。正是这种甜中略苦的特殊味道，让设计师爱上了焦糖，恋上了焦糖的滋味。

（四）故事的讲述

真实的故事或者想象的寓言也是题材的重要来源。这些故事包括历史故事、宗教故事、神话传说以及设计师本人的经历和架构的故事等。这些故事或蕴含某些哲理，或表述着人们的信念、希望或情感。在古今中外的首饰作品中，故事题材的首饰占有相当大的比例。既然是讲故事，那么，就要注意典型形象和情节的塑造与安排，这点很重要。龙是中国传统文化中的一个重要代表符号，是中国人的图腾。龙是一瑞兽，传说能飞能潜，飞则腾云驾雾，潜则波涛沉静。如图3-1-9《喜从天降》，作品以双龙为构架，寓意天地广阔。双龙口衔宝珠，一只蜘蛛从天而降，将要落至莲花之上。作者由成语"喜从天降"展开想象，编织了一个有趣的故事，寓意美好，和谐生动。

图3-1-10《紫霞的眼泪》取材于周星驰主演的爱情悲喜剧《大话西游》。这部火爆一时的影片讲述了一个跨越时空的爱情故事。作品用水滴形紫水晶比

作紫霞的眼泪，藏于悟空心中——晶莹、深邃的紫水晶深藏于"空心"之中，进一步深化了剧中悲喜冲突的情节，使人嗟叹不已。首饰作品是这部影片的再度演绎与诠释。

（五）历史与文化符号

每一个民族都有自己的历史和文化。不同民族的历史与文化还存在很大的差异。历史并非一日形成，文化也是多年积淀的结果。因此，我们在运用历史与文化元素时，首先要了解这些民族的历史和文化。在我们宣讲着"越是民族的就越是世界的"这句话时，事实上我们只是在强调民族文化个体的独立性和存在的合理性。而作为设计师，我们不仅要知道民族文化的个性，还要知道它们的共性。在思考本民族的历史文化的同时，也要想到本地区的其他民族和同时期不同地域的民族的相互影响。在必要时，我们还要在将不同民族的历史和文化中的各要素进行比较研究后方可使用。因为，历史和文化都是各要素合力作用的结果。

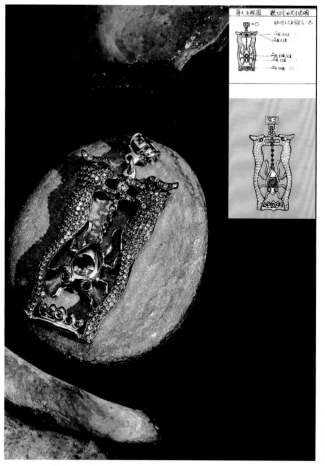

图3-1-9 《喜从天降》项坠，碧玺、红宝石、银，喻珊，2010年

图3-1-10 《紫霞的眼泪》项链手绘稿，喻珊，2016年

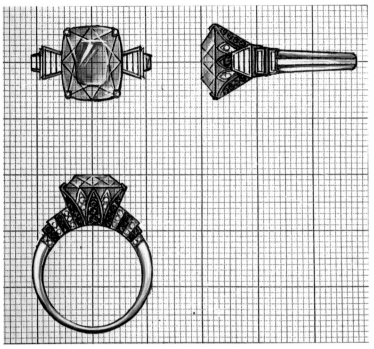

图 3-1-11 《尼罗河畔》戒指手绘稿，喻珊，2016 年

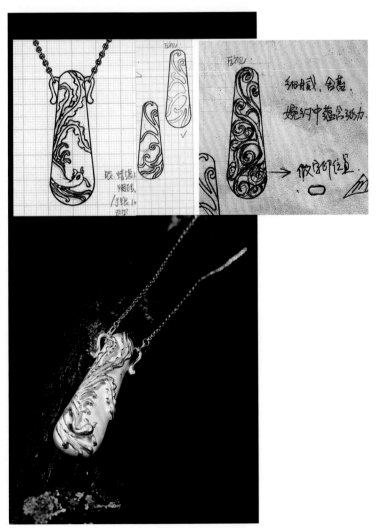

图 3-1-12 《丹凤朝阳》项坠，银、金，喻珊，2012 年

纸莎草，是古埃及人用于造纸的一种植物，也是古埃及人崇拜的三种植物之一，还是古埃及文化的一个重要代表性符号。如图 3-1-11《尼罗河畔》，作品主体以纸莎草为原型，黑白相间的搭配，是取自于古埃及壁画中的样式语言，这既与纸莎草元素相呼应，又对主体起到了很好的烘托作用。作品明快的节奏，整饬的秩序，对称的结构，尽显一种如金字塔般的庄严和神秘。

不同民族的文化具有很大的差异性，这些差异在首饰设计中的表现涉及题材获取、造型方法、制作工艺等诸多方面。中国传统文化中的吉祥文化可以追溯到原始时期，它深深根植于中国人的生活中，体现在人们衣、食、住、行的各个方面。图 3-1-12《丹凤朝阳》项坠，源自中国古代神话传说。凤凰是传说中的百鸟之王，经过漫长的历史演绎，凤凰成了纳福迎祥、驱邪避祸的瑞鸟，是中国传统文化中的一个符号，象征着华贵、太平和爱情等。作品选取凤凰这一图腾为表现主题，其寓意是显而易见的。

（六）其他艺术形式的借鉴

博观约取，厚积薄发，许多优秀的设计师和艺术家都有广泛的爱好和多方面的才能。因为，其他艺术形式，如雕塑、摄影、剪纸、版画、油画、中国画，以及戏曲、文学等，对设计师的成长都会产生某些帮助或影响。实际上，设计师审美观念的形成也是多种合力共同作用的结果。量变促成质变，当这些养分的积累达到一定程度，再经设计师的融会贯通转化为自身的一种能量，这时，当某一事物或形象出现时，设计师可能立即得到某种刺激，并很敏锐地捕捉到那种感受，从而成为激发他们创作灵感的种子。如图 3-1-13《堆叠现实》胸针，就是受到 19 世纪摄影作品《卖些苹果》（图 3-1-14）的启发而设计成的首饰作品。

图 3-1-13 《堆叠现实》胸针, 纯银、标准银、镍银、染色铜线、棉线、聚氨酯、单丝, Barbara Stutman

图 3-1-14 摄影作品《卖些苹果》, Courtesy

图 3-1-15 《流云的礼赞》项链, 托帕石、锆石、银, 喻珊, 2009 年

不仅视觉上的图示可以带给设计师灵感, 文学作品也能激发设计师的无尽想象。例如诗歌, 因为没有图像的限制, 反而使得想象的空间更为广阔自由。图 3-1-15《流云的礼赞》即取材于泰戈尔的诗歌《流云》: "……我们是流云; 一朵, 一朵 / 漫无目的, 随风漂泊, 我们是天的谜, 天的梦。……"

三、设计风格

"风格"是指作家、艺术家在艺术作品中所表现出来的一种较为稳定的创作个性与艺术个性。设计风格主要是指设计师的设计个性和特征。当然, 设计本身的特点决定了其不像艺术创作那样可以随心所欲。设计风格的形成是多种因素综合作用的结果, 它是在时代技术基础条件之上, 在民族以及时代审美影响下形成的相对稳定且富有鲜明个性的设计特征。因此设计风格更能体现出集体性、民族性和时代性。基于此, 关于设计风格的探讨, 就不止于设计师的个人风格, 还要涉及流派风格、民族风格和时代风格, 针对商业首饰, 还需进一步探讨品牌风格。

一个作品所表现出来的风格往往与设计师、顾客、社会、时代、民族等多方面因素相关。其中, 设计师与顾客是直接因素, 社会、时代、民族等为间接因素。顾客是作品的使用者, 作品风格受顾客性格、喜好、职业、使用场合等因素的影响。设计师是作品的实现者, 首饰作品的风格又直接受到设计师思想观念、审美趣味、艺术修养、知识结构、生活阅历等因素的左右。此外, 还有诸多的间接因素, 如时代的审美风尚和社会政治、经济、生产技术、文化环境因素, 不同民族的文化和审美趣味等都影响着作品风格的形成。

(一) 个人风格

个人风格是设计师在设计中呈现出的有别于他人的独特个性和特征。由于设计师生活阅历、审美观念、艺术修养和知识结构等的不同, 设计师在处理题材、表现主题、处理手法和使用语言等方面都有所不同, 因而形成了不同于他人的个人风格。个人风格的形成是设计师走向成熟的标志。它的形成有主观和客观两方面因素: 主观方面是设计师的个人修养、审美追求等因素; 客观方面包括生产技术条件、产品定位、顾客需求与喜好, 以及时代、民族、地域等因素。个人风格是在时代、民族、地域等风格影响下形成的, 而时代、民族、地域等风格又是通过个人风格集中表现出来的。

(二) 品牌风格

品牌风格是对品牌的核心价值的确立以及对品牌个性特征的美学表达。它受品牌本体因素和环境因素的双重影响。品牌风格的明晰也是使品牌得以根植于消费者心中的典型形象和策略。大凡成熟的商业首饰品牌, 都有自己的品牌风格: 有"皇帝的珠宝商, 珠宝商的皇帝"之称的卡地亚, 惯以奢华、精美绝伦的特点, 在经典基础上不断创新; 蒂凡尼以爱与美、浪漫和梦想为主题, 演绎美国式的简练与时尚; 宝格丽则为现代古典主义的代表, 其以华美为基调, 以色彩表现为设计精髓, 大胆运用不同色彩的搭配组合, 突显宝石的闪耀华丽, 风格不一而足。

（三）流派风格

流派风格是指在审美趣味、设计观念、创作主张、表现语言等诸多方面相近的设计师在创作上所形成的共同艺术特征，是一种审美观念和表现手法等的群体表现特征。某一时期内多种流派风格并存，共同形成了这一时期的时代风格。多样并存的局面形成的交流与竞争，会促进该领域甚至整个设计行业的发展与进步。

（四）时代风格

时代风格是在某一历史时期内形成的，集中代表了那个时期的审美观念、审美意识和思想的共同表现特征。它为特定历史时期的社会生活、科技水平、占主导地位的审美观念和审美意识所影响，在作品的内容和形式上表现该时代的某些共性。纵观我国首饰发展史，可以清晰地看到首饰随时代更迭在风格上的变化。例如，秦汉时期是浪漫主义与现实主义相结合的时期，表现出沉雄而博大的特征；魏晋南北朝时期表现为寄情山林、放浪形骸的多样与自由的特征；隋唐时期呈现出华丽丰腴、雍容大方的特征；宋、辽、金、元则显得质朴与内敛。

（五）民族风格

民族作为有共同语言、共同区域和共同经济生活以及表现在共同文化上的共同审美心理的稳定共同体，在长期的历史发展中都形成了本民族所特有的物质文化和精神文化特征。民族中的每个成员，尤其是设计师在观念、思维以及审美理想等方面，经过长期积淀而形成的共同性，表现在艺术设计上，就形成了民族风格。民族风格具有独特性和稳定性。民族风格的表现是多方面的，诸如文化符号、形式符号和心理符号等，它集中体现着一个民族的精神、文化传统和审美心理。

四、样式要素

（一）造型

点、线、面是造型的基本元素，三者具有不同的视觉效果。总的来说，点相对集中也比较跳跃，线有延展性和指向性，面相对扩展，但是同为点、线、面，在现实物质中也可能因为其形状、质感等的不同而产生不同的视觉效果。点、线、面是相互对比、相互关联、相互转化的。点的运动形成线，线的运动形成面，密集的点和线，整体上都可视为面；反之，面在某种情况下也可被视作点或线。

1. 点

点是视觉感受的最基本元素。点有大小、强弱、虚实、聚散之分，还有形状上的差别。点很活跃，它在空间中能起到提示、装饰、点缀、活跃气氛，以及画龙点睛的作用。点可以单独运用。独立存在的、规则的点给人静止、安详的感觉，其若处于作品的中心位置，还可能成为作品的焦点。单主石镶嵌的

首饰往往就是运用了这一视觉效果。点也可以按照某种方式排布，它们可以是有规则的构成，也可以是自由式的发散。有规则的构成包括等间隔构成、平行排列构成、放射排列构成、重叠构成等诸多方式。

图3-1-16的独角兽身体点缀的钻石是以等间隔的构成方式排列的。这种构成方式容易形成一种井然有序的视觉效果，但处理不当则会产生呆板的感觉，因此也可以通过改变大小、颜色以及材质等方式来取得更生动的效果。图3-1-17胸针的红色宝石采用了放射排列构成方式。与等间隔构成方式相比，平行排列构成、放射排列构成、重叠构成显得更有秩序与气势。这些都是首饰设计中较为常见的点的构成

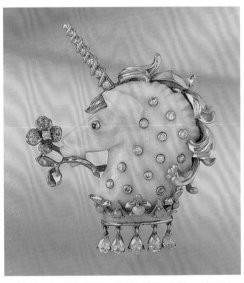

图3-1-16 独角兽首饰，象牙、钻石、绿松石、红宝石，Fulco di Verdura,1940年

图3-1-17 双扇胸针，红宝石、钻石、铂金，梵克雅宝，1937年

图 3-1-18 "Création Spéciale"戒指，黑澳宝、墨玉、紫蓝宝、橙蓝宝、硫锰矿石榴石、粉蓝宝、黄蓝宝、帕拉伊巴电气石、白金，迪奥，21世纪初

图 3-1-19 新艺术风格首饰

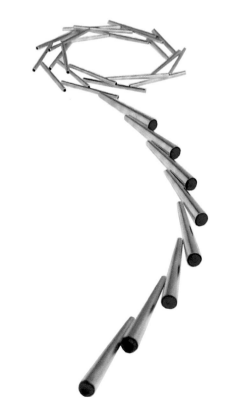

图 3-1-20 颈饰（动脉系列），银、毛毡，Dorothy Hogg MBE，2005年

方式。图 3-1-18 的戒指，墨玉上配以圆形小钻，如点点繁星缀满夜空。钻石的"点"以不规则的排列方式分布于青金石的"面"上。这种排列方式看似简单、自由，但要想取得良好的效果，还需要设计师的经验积累并反复推敲，否则容易显得杂乱、无序。

2. 线

实际上，自然界中并不存在真正的"线"。线是人对自然物象的想象抽取，如物体面的交界处、边缘处、结构的交界处等。线有宽窄、长短、曲直之分。线若太宽，则很容易被视为面；若太短，则会失去线的特征而被视为点。线的形状有很多种，总体上，可分成直线与曲线。曲线又分为自由曲线和几何曲线两种。线的直曲、方向、形状等的不同会让人产生不同的心理感受。水平线显得安静、平稳；垂直线有种纵向上的拉伸和支撑感；粗线厚重，富有力度；细线纤巧，显得轻盈；直线显得锐利、挺拔；曲线显得柔和、优雅且舒缓，具有韵律感；曲折线则具有一种挣扎和撕裂的不安感……图 3-1-19 的新艺术风格首饰将自由曲线和几何曲线相结合，通过对比，自由曲线显得更加流畅和富有韵律感，同时也突出了几何曲线表现出的规整与理性，极大地丰富了作品的表现力。

图 3-1-20 的颈饰可以看成是由一组从细到粗的短直线相连接组合而成。通常情况，短直线容易传递出肯定、果断、快速、紧张的感觉，但颈饰由细到粗、由短到长的排列，造成了一种强烈的远小近大的空间透视感，不仅在视觉上显得明快而简洁，而且符合人的生理及心理感受。从生理角度看，颈饰贴近脖子的部分是由细线转折围绕而成。细线轻盈灵巧，由于线短且增加了转折的结点，形成了更服帖的亲近感，从而能使佩戴者感觉更加舒适。从心理角度看，细线营造出的柔和的感受，使得贴近肌肤也不会因为金属的坚硬而改变舒适的感觉。线条从上至下、从短到长、由弱变强，渐变的节奏自然而又层次分明。

3. 面

面是体的外表，可以由线的运动产生，也可以由点和线的密集排列产生。正如前面所讲，点、线、面是相对的。若面的面积过小，则易被视作点；若面的长宽比例过于悬殊，则易被视作线。面的形态丰富多样，我们可将其分为平面和曲面、几何形的面和非几何形的面。平面冷峻、平静，曲面和缓、舒展。几何形包括圆形、三角形、四边形和多边形等基本形。几何形的面显得单纯、简洁、明快而理性，非几何形的面则显得自然、随意、生动且感性。

图3-1-21《女魔术师》胸针为几何形面与非几何形面的组合。锐角三角形的利落和尖锐，与缠绕的非几何形的银质曲面形成一刚一柔的对比。平面的黑玛瑙简约、冷静、宁静、理性，曲面的银质流畅、柔和、感性且富有韵律感。

4. 体

任何形体，无论是具象的还是抽象的，都可以被分解并概括成单个或多个基本几何形体的组合。基本几何形体是形体构成的基础。这些几何形体本身具有各自不同的表现语言，还含有其相应的文化意义，也会给人带来不同的心理感受。恰当运用形体能够有效引起人们的心理共鸣，从而增强作品的表现力。体，分为基本几何形体和自由形体。基本几何形体有柱体、锥体和球体。

（1）柱体

柱体是由上下相同且平行的底面及与底面相垂直的侧面围合而成的几何体。柱体分为棱柱和圆柱。棱柱可根据底面多边形的边数来命名，如三棱柱、四棱柱、五棱柱等。其中，最常见的是四棱柱。

四棱柱的块面分割很明显，各块面之间夹角均为90°，这样的形体显得坚定、稳重、大方。图3-1-22《家族戒指》，即充分运用了棱柱体稳定、庄重的视觉感受。这个压印着家族成员指纹的戒指，

或许是这个家族的标志性信物，承载着属于这个家族的历史与荣誉，可使家族成员将这些印记永远铭记于心。

当四棱柱长、宽、高比例完全相同时，则形成了立方体。立方体在首饰设计，尤其是现代首饰设计中较为常见。正面放置的立方体有种稳定感，但当放置的方位角度发生了变化，这种稳定感则可能被打破，甚至造成一种翻转或即将倾倒之"势"。图3-1-23的耳扣从放置方位上看，支撑处由"面"转成了"棱边"，打破了原本平稳的习惯放置方式，制造了一种"险"和"势"。当其被佩戴起来时，这种视觉效果会更强烈。图3-1-24的胸针支撑处是由"面"转为了"点"，造成了一种比"边线支撑"更加不稳定的视觉感受。从以上例子我们可以看出，纵使相同的形体，由于置放的方式或方位角度不同，所表达的状态以及造成的视觉、心理感受是不相同的。以"面"为支撑较之以"线"和以"点"为支撑的方式显得更平稳，而以"点"为支撑的方式相对更突兀、险峻，更具视觉冲击力。

图3-1-21 《女魔术师》胸针，黑玛瑙、银，Erte

图3-1-22 《家族戒指》，黄金，Gerd Rothmann，1992年

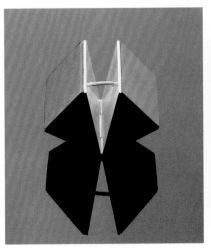

图3-1-23 耳扣，缟玛瑙、18K黄金，Diana Vincent，1996年

图3-1-24 《无题》胸针，红色电气石、坦桑石、18K白金、黄金，Scott Keating，1996年

图 3-1-25 《秘鲁马丘比丘的圣物箱》，来自马丘比丘遗址的石头、钻石、22K 金，Alan Rewere，2005 年

图 3-1-26 锥形蛋卷筒戒指，珍珠、18K 金，Geoge Spreng，2003 年

图 3-1-27 戒指（棱镜系列），粉色蓝宝石、钻石、南洋珍珠、18K 黄金，蒂芙尼，2016 年

圆柱表面是由呈外弧状的曲面所构成。从横截面上看，圆柱的横截面为圆形。与棱柱相比，圆柱少了方峻多了圆转流畅。

（2）锥体

锥体分为棱锥和圆锥。正面放置的棱锥稳定、牢固，给人以挺拔向上之感，又如箭头般，有尖锐、敏捷之感。如图3-1-25，秘鲁马丘比丘遗址古老而神秘，令人向往，设计师将其塑造成一种似埃菲尔铁塔的棱锥造型，在浑厚之中有种直冲向上之感，我们的视线也被棱锥引向顶端。来自马丘比丘遗址的石头傲然独踞于此，显得尤为崇高而神圣。这样的造型与叠砌的结构正呼应了作品的命名——《秘鲁马丘比丘的圣物箱》。

圆锥尖锐、犀利，但因底面是圆形而又显得圆润、流畅。图 3-1-26 锥形蛋卷筒戒指是对真实物体高度几何化的概括。作品形体的搭配甚是耐人寻味：采用含有球形特征的基本体做组合；圆锥形的蛋筒钻出圆孔，不仅是功能上的需要，也使得造型虚实结合，增加了空间的流动感；顶上堆砌、散落的大小各异的珍珠似冰淇淋，暗示着品味时的感受——细腻而滑嫩。

（3）球体

球体在所有形体中最为饱满和圆润。它没有立方体的转折与突兀，也没有锥体的尖锐与犀利。它有一种内在的张力，表现出一种生长、扩张的感觉，即使是在静止的状态下，它也会表现出一种强烈的动感。它还能传达出一种和谐与完美、变通与流畅。因此，球体也成为圆满、和气的象征。

图 3-1-27 的蒂芙尼"Prism"戒指由三个大小不同的球体组成。两个金属球体表面分别运用线的分割和宝石的点缀形成了不同的装饰效果，加之不同的配色方式，作品语言显得丰富多彩。珍珠的温润、细腻、光滑与彩球的丰富多变形成对比，增添了作品的趣味性与灵动感。

（4）自由形体

自由形体是与规则的几何形体相对而言的。尽管任何不规则的自由形体都可以概括为是由规则的几何形体组合而成，但为了系统研究关于造型的因素，我们还是将一些不规则形体或者是由许多复杂几何形体组成的形体都理解为自由形体，以此与规则的几何形体相区分。

图 3-1-28《茜茜公主》系列首饰的整体造型源自"领结"，属自由形体。与几何形体生硬的结构、理性的秩序相对比，自由形体显得随意、灵动而感性。

以上列举了一些典型的形体。设计师需具有基础造型的能力，在生活学习中结合具体实际的物象对形体进行分析，充分体会形体的特征与其所传达的审美感受以及其所关联的观念和思想内涵。

5. 空间

任何物体都会占有一定的空间。空间如空气和水，其本身无法造型，只能被占有和限定，所以它需要借助实体界面来完成。《老子》第十一章中写道："三十辐，共一毂，当其无，有车之用。埏埴以为器，当其无，有器之用。凿户牖以为室，当其无，有室之用……"这段话通过讲解车轮、陶器和房屋的结构成因，阐述了"无"的"空间"和"有"的"实体"之间的关系。"虚"与"实"、"有"与"无"彼此共存，同样重要。空间随实体的构成而被创造，是可以被感知的。空间可分为物理空间和心理空间。

（1）物理空间

物理空间是指由实体界面所限定、围合成的实体与实体周围的空间。空间与物质实体不可分割。在设计中，尤其是非物质设计中，空间的表现可以是多维的。在首饰设计中，物理空间则由物质的三个维度——长、宽、高来表现。如图3-1-29《你就是财富》，作品以上下两个"X"形及其连接部分为实体造型，其余空虚部分是对实体的有效补充，其实与虚的空间关系搭配与转换使我们感受到空间的流动感。

分割和组合是物理空间构成的基本方法。在运用中，分割与组合往往并用。例如，先将整体分割，然后再将分割后的部分重新组合成新的整体。

分割

就如数学运算中的减法，它是破坏原有的造型以获得新造型的方法。如图3-1-30，想象一下从一个完整的圆柱体到该手镯造型的大致分割过程：首先在横向上将圆柱体一分为二，然后将面积较大部分再从纵向上一分为二。从分割的比例上看，第一次横向的分割采用接近于1∶2的比例；而第二次纵向的分割比例则接近于1∶1。这样的精心安排使得手镯整体富于一种节奏变化。从分割的形态上看，为了避免机械的"一刀切"产生的单调与直接，设计师有意在切割时加入了弧形的、统一的"咬合"结构单位。组合时各部分之间又可相互咬合，成为完整的一体，既增加了层次变化，又增加了趣味性。

组合

如数学运算中的加法，它是将各种相同或不同类别的造型元素进行组织，从而合成为一个整体。图3-1-31是相似形体组合的例子。该胸针由三个不同直径的圆柱体组合而成。其中，最左边的圆柱体直径最大，为了避免重心左移而失衡，在长度上将其截成最短，并且采用了与另外两个圆柱体不同的倾斜式的裁截方式，使三个圆柱体在视觉上既统一而又富于变化，设计显得巧妙灵活。左边的圆柱体粗而短，因此和红色细长的圆柱体相比少了垂直方

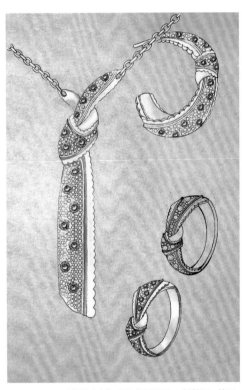

图3-1-28　《茜茜公主》系列（手绘图），托帕石、锆石、银，喻珊，2014年

图3-1-29　《你就是财富》，纯银，Christo Kiffer，2006年

图3-1-30　《无题》，18K黄金、白金，Christoph Krahenmann，1999年

图3-1-31　胸针，氧化铝、不锈钢、缟玛瑙，Gretchen Klunder Raber

图 3-1-32 《三波纹吊坠》，18K 金、钻石，Michael Sugarman，2003 年

图 3-1-33 《我的小戒指》，18K 金、铂金、钻石，Cornelis Hollander，2007 年

图 3-1-34 《飞翔》，22K 金、橡胶，Michael Good，2001 年

向上的延展、直立与流畅感，多了水平方向上的稳定、厚重感。倾斜的截面削弱了粗重造成的呆板，是协调这两种不同视觉感受的最好过渡方法。

（2）心理空间

心理空间是人对物的空间的感受。它实际并不存在，但可以被感觉到。心理空间的实质是物体的实体向周围空间的扩张，其主要是由实体的内力运动变化造成的"势"，即张力。这种虚张的"势"创造出一种知觉场，它表现为空间紧张感、空间进深感和空间流动感。

空间紧张感

是通过并置的点、线、体的适当位置分布而形成的一种扩张的力。空间紧张感的程度要恰到好处，太紧则拥挤、闭塞；太松则凌乱、松散。图 3-1-32《三波纹吊坠》，从整体上看，三个并排的狭窄侧面形成近似三条波浪线的感觉。两侧的黄色线将白色线夹于其中，造成一种空间紧张感。线与线之间的距离对空间紧张感有很大的影响，线之间的距离越大，空间紧张感越小，反之，则紧张感越强。如果距离过小，则会显得局促。此外，造型因素也对空间紧张感产生影响。作品中两侧的线条在上下相反的两端分别做了一个较大的向外翻卷的弯曲，遥相呼应，也将我们的视线牵向两侧，加之如音符般有序的点缀，减弱了因线条太近、等距并置而产生的空间紧张感。

空间进深感

是指作品空间前后的距离感。通过对空间进深效果的强调，可以在有限的空间中创造出更大的、无限的空间感受。在设计时可采用诸如加强透视、加强层次等方法来强调空间进深感。空间进深感多出现在现代首饰设计中，它能为作品注入一种雕塑感。图 3-1-33《我的小戒指》，通过线的粗细变化以及线的螺旋造型加强了层次感与空间感，而随着线的成组旋转作品的空间进深关系得到了强化。

空间流动感

是欣赏者在欣赏作品时，通过视线的移动和思维想象的转换而产生的一种作品空间向一定方向扩展的感受。空间流动感可以为首饰作品注入变化和运动的感觉。图 3-1-34《飞翔》，项坠的造型使我们的视线在开放的球体空间中前后、左右、上下移动，试图找出曲线穿行的方向和轨迹。线条的环绕与穿插、表面的凹凸与翻转如轻快的乐曲，带着我们的思绪进入无限的遐想，将作品的空间流动感体现得淋漓尽致。

（二）色彩

色彩比形态更容易引起人们的注意。这不仅因为色彩具有先声夺人的力量，还与首饰自身的特点有关。作为身体的装饰物，首饰更多的是作为一种点缀，因此它的形体注定不会太大。所以，当人们一眼望去，首饰的造型还并不十分清晰，或只是一个轮廓时，它的色彩已经在人们的心里留下了强烈的印象。首饰色彩不仅具有审美性，还具有象征性，对意境的营造起到至关重要的作用。作为一种样式要素，色彩会影响人的视觉感受，同时唤起人相应的内心情感。设计师需在充分了解首饰色彩特征的基础上，恰到好处地选择相应色彩之材料，以焕发首饰色彩的精彩魅力。

1. 首饰的色彩

首饰的色彩包括天然色彩和人造色彩。随着科技的进步，尽管人们掌握了许多改变材料的原有色彩并获得多种新色彩的方法，但是对某些材料，尤其是宝石、贵金属等贵重材料，人们却较少去做色彩上的人为改变。这是由于人们认为珠宝首饰作为财富具有保值性，对宝石等做人为的处理会使其身价倍减。当然，宝石等材质本身所具有的迷人的天然色彩，也是人们不愿对其做人为处理的至为重要的因素。但当材料的天然色彩不能满足设计的需要时，可以通过人为处理来改变其原有的色彩，使之达到理想的效果。本书选择一些常用的有代表性的材料，对其色彩做一一讲述。

（1）金属材料的色彩

金：亦称"黄金"，纯金呈浓黄色。若在纯金中按一定比例加入其他金属，如银、铜、锌、镍等改变纯金的成分与比例，一方面能增加金的硬度与强度，另一方面还可改变纯金原有的颜色。以18K金为例，不管加入何种金属，纯金的含量始终不能低于75%。但因加入金属的成分不同，其合金呈现的颜色也会不同。18K黄色K金：75%金+25%银、铜；18K白色K金（偏黄、冷）：75%金+25%银、钯或75%金+25%银、镍、锌（镍含量不超过0.3%）；18K玫瑰K金：75%金+25%铜、银、锌。除这些常见颜色外，K金还可能呈现绿、黑、紫、蓝等色，均由添加不同成分和比例的金属所致。

银：因其色白，又称"白银"。纯银呈现出一种柔软、偏暖的白色。银也是一种硬度较低的金属，为了提高其硬度，常在银中添加铜等金属制成合金。国际上常用的925银是为提高银的硬度和强度而制成的一种银合金。银的含量越高，颜色越"白"。银是一种很活跃的金属，在空气中容易被氧化，从而变黄、变黑。

铂：也是一种明亮的白色贵金属。与银的白色相比，铂的白色更"冷"、更"硬"，是一种略微偏灰的白色。首饰行业中常见的铂金通常为铂含量为90%的铂基合金。白金（主要成分为Au）与铂金（主要成分为Pt）相比，白金的白色略微偏黄。

钛：是一种银灰色金属。在首饰设计中，不仅可运用钛金属天然的色彩，还可通过加热或阳极氧化的方法使其表面产生有色氧化层。氧化层的厚薄决定了钛金属表面颜色的不同，有紫、蓝、黑、金等色彩。

铜：纯铜呈紫红色。不同成分的铜基合金则呈现出不同的颜色：黄铜（铜锌合金）呈金黄色，青铜（铜和锡的合金）呈青绿色，白铜（以镍为主要添加元素的铜基合金）呈白色。铜在常温下易氧化生成铜绿，即碱式碳酸铜，呈绿色；加热氧化则会生成氧化铜，呈黑色；还可能氧化成氧化亚铜，呈砖红色。

（2）宝石的色彩

宝石的色彩是宝石对不同波长的可见光作用的结果。光线照到宝石上，部分被反射，部分被吸收，部分被透过。透明宝石以透射光为主，不透明宝石以反射光为主。宝石色彩的成因主要有三个：自色、他色和假色。自色：由矿物本身内在成因所引起的颜色。他色：由于矿物混入了其他有色杂质或气泡所形成的颜色。他色可能是无色或有颜色的。例如，纯净的尖晶石为无色，当含有微量元素钴时，会呈现蓝色；当含有微量元素铁时，会呈现褐色；当含有微量元素铬时，会呈现红色。此外，同一元素的不同价态可产生不同颜色，同一元素的同一价态在不同宝石中也可能产生不同颜色。假色：是宝石内部存在的一些细小的平行排列的包裹体、出溶片晶、平行解理等对光的折射、反射等光学作用而产生的颜色。假色与宝石的化学成分无关，它是由物理原因引起的。在此，我们以表格的形式列举一些常用宝石的主要色相及特征（表3-1-1）。关于宝石的具体介绍，在本书第二章中有讲述。

表 3-1-1　常用宝石的主要色相及特征

宝石名称		英文名称	主要色相	透明度	光泽
钻石		Diamond	无色、黄、褐、蓝、绿、粉红	透明	玻璃光泽
刚玉	红宝石	Ruby	红	透明、半透明	玻璃光泽
	蓝宝石	Sapphire	蓝、绿、紫、黄、褐、无色	透明、半透明	玻璃光泽
绿柱石	祖母绿	Emerald	绿	透明、半透明	玻璃光泽
	海蓝宝石	Aquamarine	海水蓝、浅青	透明、半透明	玻璃光泽
尖晶石		Spinel	红、粉红、橙、紫、蓝、绿、无色	透明、半透明	玻璃光泽
锆　石		Zircon	无色、褐、青、绿、红	透明	玻璃光泽
水晶	白水晶	Rock Crystal	无色	透明	玻璃光泽
	紫水晶	Amethyst	紫色	透明	玻璃光泽
	黄水晶	Citrine	黄色	透明	玻璃光泽
玉	翡翠	Emerald	绿、白、黄、橙、褐、紫	半透明、不透明	玻璃至油脂光泽
	和田玉	Nephrite	白、黄、红、青、墨	半透明、不透明	油脂光泽
绿松石		Turquoise	绿、蓝、青黄	不透明	玻璃至蜡状光泽
托帕石		Topaz	无色、黄棕—褐黄、蓝、粉红—褐红	透明	玻璃光泽
石榴石	红榴石	Pyrope	深红	透明	玻璃光泽
欧泊		Opal	银灰色，氧化后呈紫、蓝、黄、绿等色	透明、半透明	玻璃至树脂光泽

2.首饰的色彩运用

（1）首饰的色彩之美

康定斯基将色彩比作琴键，眼睛比作音槌，心灵比作绷满弦的钢琴，而色彩组织者，则是演奏家，一切都是"有目的地弹奏各个琴键来使人的精神产生各种波澜和反响"[1]。首饰中的色彩各具性格与表现力，给人以丰富的视觉感受，能唤起人们内心的情感，使人产生联想，进而形成关于色彩的观念，色彩也因此具有了象征性。这些观念和象征与灵魂深处的情感紧密相联，使色彩之美超越了生理的愉悦。当然，色彩的性格是多重的，它也具有时代性、民族性、社会性和功能性，也受到造型等因素的影响。

红色是血液、火焰的色彩。红色可见光波最长，是最能吸引人们注意的颜色，具有集中力和持续力。它能使人兴奋，唤醒斗志。红色是积极、开放、热情的象征，也具有喜庆、吉祥的寓意。在某些特殊语境中，红色也代表着危险和恐怖。

黄色是太阳的颜色，是光明、神圣、伟大、希望、富贵的象征。黄色是最富有光辉的颜色。在特殊语境中，黄色也是罪恶、背叛、欲望的代表。

蓝色是天空和大海的颜色。它象征广阔、遥远、高深，带有沉稳、清冷、宁静、机智、豁达之意，是知性和理性的代表。蓝色亦是忠诚的象征，还具有神秘、忧郁、悲伤之感。

绿色是大自然的颜色，具有生长、和平、希望的含义。绿色平凡而随和，它是安抚的颜色，具有疗愈和减压的效果。同时，绿色也是优雅、善良、幸福的代表。

紫色是浪漫、娇艳的颜色，代表灵性和艺术性，也是崇高、华丽、权势的象征。

1　［俄］瓦·康定斯基：《论艺术的精神》，查立译，腾守尧校，中国社会科学出版社，1987，第35页。

白色／透明色是光明的象征，代表神性和纯粹，具有清高、贞洁、雅致、恬静、凉爽之感。

黑色是宇宙的底色，代表安宁、沉静，具有归宿感。黑色也是生命能源的力量，具有超自然的神秘感。黑色具有典雅、高贵、时尚的格调，也是现实性的代表，是消极、悲伤的象征。

金属色，尤其金色和银色，是首饰色彩中的常用色。特有的金属光泽使得金属色显得尤为华丽、高贵。金属色也是权力和富有的象征。金色偏暖，显得华丽，银色偏冷，显得高洁。

设计师不仅要对色彩自身的美感有清晰的认识与把握能力，而且要能很好地搭配色彩，关注色彩的人文因素，运用相关美学规律，赋予色彩更高的魅力。

（2）色彩之美与审美主体

色彩本身无所谓美，它只是美的客观条件。只有当客观条件与人相关联，并使人产生对色彩的反应，色彩之美才得以真正实现。正所谓"美恶皆在于心"，色彩美不美，由"人心"决定。

从前面的学习中，我们知道：不同地域、民族、时代、年龄、性别的人对色彩都各有偏爱。即便是同一个人，审美心理也可能因时、因事、因地的不同而改变。只有当色彩运用与人的审美心理相感应时，人才会产生美的感受与评判。人对色彩世界的感受是综合而复杂的，既有差异，也有共性。

色彩心理的差异性

因民族、地域、国家的差异而不同：因社会、经济、文化、科学、艺术、信仰、自然环境、生活习惯等的不同，不同民族、地域、国家对色彩的审美意识、审美趣味、审美标准也各不相同。

因时代的差别而不同：不同时代因社会制度、思想意识、物质财富、生活方式等不同，对色彩也各有偏爱。

因年龄、性别差异而不同：色彩心理与年龄相关，婴儿时期的颜色感觉完全由生理作用引起；随着年龄的增长，生活联想因素掺入；随着生活经验和文化知识的丰富，更多文化因素也掺入进来。色彩与性别相关，男性与女性对色彩的心理感受也存在差异。

因个人差异而不同：不同人因性格、气质、生活阅历等的不同，对色彩的喜好也有所不同。

色彩心理的共同性——人们的共同色彩心理感应

色彩的冷暖感：不同色彩会产生不同的温度感。红、橙、黄色使人联想到太阳与火焰，有温暖感，属于暖色系；蓝、绿、青色让人联想到大海、森林、阴影，

有寒冷感，属于冷色系。色彩冷暖与明度、纯度相关，也与表面肌理相关。提高明度则色彩变冷，降低明度则色彩变暖，纯度高的颜色更暖；光亮表面的颜色偏冷，粗糙表面的颜色偏暖。暖色使人兴奋，但也易使人感到疲劳和烦躁；冷色使人镇静，但也易使人感到沉重、忧郁。

①色彩的轻重感：色彩具有轻重感，与明度关系最大，也与纯度有关。高明度色彩偏轻，低明度色彩偏重；高纯度的色彩偏重，低纯度的色彩偏轻。

②色彩的强弱感：色彩有强弱感，取决于色相（色彩的知觉度）、纯度以及色彩搭配。波长最长的红色最强，波长最短的紫色最弱；高纯度色彩感觉强烈，低纯度色彩感觉微弱；色彩搭配中，对比越强，色彩越具强感；相反，对比越弱，色彩越具弱感。

③色彩的软硬感：色彩有软硬感，主要取决于明度和纯度。高明度、低纯度色彩有柔软感；低明度、高纯度色彩有生硬感。

④色彩的明快与忧郁：色彩有明快、忧郁之感，主要与明度、纯度以及色彩搭配有关。高明度、高纯度色彩有明快感；低明度、低纯度色彩有忧郁感；色彩搭配中，对比强者趋向明快，对比弱者趋向忧郁。

⑤色彩的兴奋与沉静：色彩有兴奋、沉静之感，主要取决于色相（色彩感知度）、冷暖、明度、纯度，也与色彩搭配有关。易感知色彩、暖色、高明度、高纯度色彩有兴奋感。相反，不易感知色彩、冷色、低明度、低纯度色彩有沉静感；色彩搭配中，对比强者容易使人兴奋，对比弱者容易使人沉静。

⑥色彩的华丽与质朴：色彩有华丽、质朴之感，主要取决于冷暖、纯度、明度，也与色彩搭配有关。暖色、鲜艳、明亮的色彩有华丽之感；冷色、深沉、暗淡的色彩有朴素之感。

⑦色彩的积极与消极：色彩有积极、消极之感，主要与冷暖、纯度、明度有关。暖色、高纯度、高明度色彩有积极之感；冷色、低纯度、低明度色彩有消极之感。

（3）首饰色彩与造型

在首饰设计样式要素中，色彩与造型是两个最为重要的要素。色彩与造型相辅相成。尽管色彩比造型更具吸引力，但色彩必须依附于造型而存在，因此，造型的性格特点也会附带色彩的特征，共同影响人的生理及心理感受。也就是说，色彩不仅依附于造型，也对造型进行着再塑造。

（4）首饰的色彩对比

精彩的作品需要有冲突或对比，以刺激感官、引起兴奋，或用以调节节奏、形成高潮。色彩在作品中以色相、明度、纯度或随造型的面积、形状、位置等的形式差别形成对比。差别越大，对比越明显，相反，差别越小或减弱差别，则会渐趋调和。

色相对比

色相对比是基于色相差别而形成的对比。任何一种色彩都可以成为主色。它与另外的色彩组成同类、邻近、对比或互补色相对比。色相对比的强弱取决于色彩在色相环（图3-1-35）上的位置距离。（图3-1-36）

①同类色相对比：在色相环上相距15°左右的色彩搭配称为同类色相对比。由于色相接近，色调容易协调。同类色相对比具有单纯、柔和、融洽的效果，但缺点是因色相间太具共性，因而效果相对单调，不够醒目。同类色相对比是效果最弱的色相对比。图3-1-37的项链中，海蓝宝石与蓝宝石搭配，属于同

类色相对比。犹如丝绸一样柔和的蔚蓝海面波光点点，细微的色彩变化将海洋的主题表现得淋漓尽致。这样的搭配常被用于一些首饰衬托部分的设计中。

②邻近色相对比：在色相环上相距60°左右的色彩搭配称为邻近色相对比。邻近色相对比和同类色相对比都能保持明显的色相倾向和基调的统一特征。但邻近色相对比则显得更为丰富、明显。邻近色相对比是效果柔和的色相对比。图3-1-38的耳环采用邻近色对比。耳环色彩从紫色到紫红色逐渐递进，加上紫红色宝石较高的透明度，使作品显得温和而细腻。

③对比色相对比：在色相环上相距130°左右的色彩搭配称为对比色相对比。对比色相对比个性大于共性。相对于邻近色相对比而言，对比色的对比显得更为明快、活泼，也更难控制，处理不当会显得杂乱无章。对比色相对比属于色相的中对比。（图3-1-39）

④互补色相对比：在色相环上相距180°左右的色彩搭配称为互补色相对比。互补色相对比较之对比

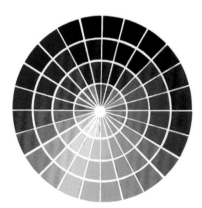

图3-1-35 色相环

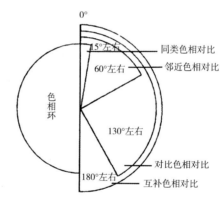

图3-1-36 色相对比

图3-1-37 《珍贵潟湖》项链（七海系列），海蓝宝石、蓝宝石、钻石、白金，梵克雅宝，2015年

图3-1-38 《贝拉》耳环（迪士尼公主系列）坦桑石、蓝宝石、紫水晶、钻石等宝石，白金，萧邦，2012年

图3-1-39 《蒲公英》手绘稿，喻珊，2015年

色相对比更为强烈、刺激。它能满足视觉和心理对全色的需要，极具活力，有很强的视觉张力，但因色相相差太大，搭配不当会产生混乱、不安定的感觉。互补色相对比是色相对比中最强的对比。图3-1-40的耳环采用黄、紫互补色对比。因两色纯度都相对较高，因而增加了黄色的视觉感受面积。绿色橄榄石的点缀有加大黄色面积之感，也在色相上协调了黄、紫两色的对比。

明度对比

明度对比又称黑白对比，是色彩构成中最重要的因素。明度对比能有效表现作品的层次与空间。按照明度跨度的大小（如图3-1-41色彩明度坐标），可将明度对比分为长调对比（明度跨度大于5度）、中调对比（明度跨度介于3~5度之间）；短调对比（明度跨度小于3度）。图3-1-42《迪士尼公主系列》项链的镂空"花边"由紫红渐变至蓝色。在领口处，项链接口的两个末端有意拉大明度对比，突出层次关系。明度低的蓝色重量感很强，也因此更加吸引视线，从而能将视线牵引至水滴形的坦桑石上，突出主角，形成高潮。

纯度对比

将不同纯度的色彩并置在一起，因纯度的差别使得鲜的更鲜，浊的更浊。在首饰设计中，可使用纯度较高的色彩强调主体，纯度较低的色彩作为陪衬，使主体更加突出。纯度对比主要有纯度强对比、纯度中对比和纯度弱对比。纯度强对比显得明朗、华丽；纯度中对比效果含蓄，统一中富有变化，是首饰设计中较常使用的一种对比；纯度弱对比更柔和，也容易显得模糊不清。

面积对比

面积对比是基于色彩在造型中所占的量的差别而形成的，具体表现在色彩于首饰中所占面积的大小以及数量的多少。人们对色彩的感受与色彩所占面积关系很大。面积越大的色彩易见度越高，稳定性更高，也更容易引起刺激。因此，当面积相同的两种色彩并置时，其对比效果是最为明显的。若一方面积增大，另一方面积缩小，则会削弱这种对比。

位置对比

对比色之间位置的远近也会使色彩对比效果受到影响。对比的两色彩位置距离越近，对比效果越强，反之则越弱。这也说明了为何在色彩面积总量不变的情况下，聚集程度高的色彩注目程度高，相反，则注目程度低。对比的两色之间，当一色包围另一色时，对比效果尤为强烈。因此，在首饰设计中，常将主体色彩置于视觉的中心部位，使得重点更加突出。

冷暖对比

色彩的冷暖差别源自色相的差别。不同色相具有不同的冷暖感受。利用色彩的冷暖差异可以形成对比效果。我们通常将色相环左边的红、橙、黄色划为暖色，其中橙色为极暖色；将色相环右边的绿、青、蓝色划为冷色，其中天蓝色为极冷色。极暖色与极冷色的对比属于冷暖的强对比；暖色与中性冷色的对比或冷色

图3-1-40 《秋美人》耳环，黄水晶、紫水晶、橄榄石、银，无双，2016年

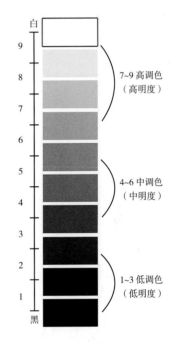

图3-1-41 色彩明度坐标

图3-1-42 《贝拉》项链（迪士尼公主系列），坦桑石、蓝宝石、紫水晶、钻石等宝石，白金，萧邦，2012年

与中性暖色的对比属于冷暖的中对比，图3-1-42的项链就属于冷暖的中对比；暖色与极暖色的对比或冷色与极冷色的对比属于冷暖的弱对比，图4-1-48扳指中，群青与钴蓝色的搭配就属于冷暖的弱对比。

（5）首饰色彩调和

过分强烈的色彩对比容易显得杂乱无章。调和会让首饰色彩在整体上趋于一致，获得统一与和谐的效果。首饰色彩的调和并非色彩的绝对统一，也绝非无差异、无矛盾的状态，而是整体的协调，是一种包含着色彩的色相、明度、纯度、面积等方面的差异与对比的协调一致。

色彩调和的原理

①配色平衡性：首饰色彩搭配中，既不过分刺激，又不过分含混的配色是调和的。过分

图3-1-43　《奥迪西之舞》项链，祖母绿、尖晶石、绿松石、钻石、18K金，宝格丽

图3-1-44　《倒金字塔》戒指，锈蚀青铜、22K金、火欧泊，Micheal Good，2005年

刺激容易产生紧张、不安、疲劳感，而过分含混的配色容易显得乏味、无趣。因此，在首饰配色中要做到既有变化又有统一，从而达到平衡。配色平衡性也是色彩调和中最基本的原理。

②色彩秩序性：首饰色彩的色相、明度、纯度、冷暖等方面都需建立一定的秩序性。凡是有秩序的搭配，都是调和的。

③引起心理共鸣：首饰配色若能引起审美主体的心理共鸣则是调和的。调和的配色会使审美主体不由自主地感受到色彩的和谐与愉悦，甚至产生佩戴与购买的欲望。

④合目的性：首饰设计与其他设计相同，都具有目的性与功能性，合目的性的配色是调和的。在首饰色彩搭配中，需要充分考虑功能、场合、时间等因素，做到有的放矢，合其目的。

色彩调和的方法

①色相调整：当并置的色彩对比太大太强或不协调时，可以考虑置换掉其中的某一种色彩或引入中间色，从而达到色彩的调和。中间色可以是两色之间的渐变色，也可以是色相环中的邻近色，又或者是冷暖关系中的中性色等。图3-1-43《奥迪西之舞》项链在红、绿互补色对比中添加了绿色的邻近色——蓝色，使得纯度相对饱和的红、绿二色很好地协调了起来。

②明度调整：太过一致的明度很难调和，但若差别太大又容易显得不协调，因此，明度的控制要恰到好处。可以考虑在首饰的焦点部分运用较强的明度对比，而在周围的陪衬部分运用较弱的明度对比。此外，明度的调整还要考虑色相、纯度等要素。如若加强明度对比，可将色相、纯度对比减弱。反之，若减小明度对比，可将色相、纯度对比加强。

③纯度调整：亦要遵循变化与统一的法则，做到恰到好处。纯度调整一方面要考虑纯度对比自身的协调，还要考虑其他要素的关系。如若纯度对比太大，会显得太冲突，可以考虑采用添加白、黑、灰以及补色的方法减弱纯度对比。

④面积调整：色彩面积的调整是色彩调和的重要方法。如果冲突或对比强烈的色彩并置，且面积相等或相似，则对比最强。为此，我们可以通过拉大对比色彩之间的面积比例，来减弱其对比程度。小面积可考虑使用重而强的色彩，反之，大面积可使用轻而弱的色彩。在图3-1-44《倒金字塔》戒指中，火欧泊与周围锈蚀青铜的绿色为典型的补色对比，为协调对比，设计者有意拉大两色的面积比例，减弱了因色相对比而形成的强烈的视觉冲突。当然，作品的对比与协调往往是多种手法的综合运用。尽管火欧泊的

红色与青铜的绿色运用了色相对比以营造冲突，作品也同时加入了金色，与绿色并置，从而形成邻近色对比。这种弱对比的运用，也是对冲突的一种化解和缓冲。因为这是一种协调的搭配，纵使面积相等，也不会显得突兀。红色火欧泊成了作品的视觉焦点，虽然面积小，但因色彩的纯度高和易识别性，因而显得非常突出。周围的两块大面积色彩的视觉识别度都不及红色明显，加之绿色在纯度上有所降低，即使很"重"，也无碍协调。

⑤位置调整：通过拉大色彩间隔、调整色彩排列方式等方法的运用，都可以达到色彩调和的目的。拉大色彩间隔可以缓和对比强烈的色彩间的冲突。图3-1-45宝格丽"灵蛇"手镯，玫红与绿色的搭配是接近补色对比的色彩，又因二者纯度都较高，因此对比十分强烈。作品的配饰部分将两种对比色的相对面积减小，且采用了拉大色彩间隔的方法来削弱两色间的对比。有序的排列方式会增加作品的秩序感，使色彩变得协调。混入式调和是排列方式调整中的一种比较典型的方法。如图3-1-46的宝格丽Giardinetto黄金胸针，采用祖母绿、红宝石、钻石镶嵌，塑造出一束"盛开的瓶中之花"。作品色彩运用了强烈的补色对比。为使色彩协调，将素面祖母绿点缀进红宝石之间，与八角切割的祖母绿遥相呼应。绿色"嵌入"红色之间，使原本太过强烈的对比和谐起来。此外，在冷暖关系上，属于中性色的透明配钻的点缀也降低了红绿二色之间的冷暖对比强度。

（三）肌理

肌理是物质表面所呈现出来的光泽、纹理、光糙、通透度等多种外表特征的综合表现。首饰表面都有一层"肌肤"。这层"肌肤"因自然或人为的因素而有着各种各样的特征，或粗糙、光滑，或柔软、坚硬……肌理所表达的，正是人对这层"肌肤"特征的感受。

1.肌理的分类

（1）按照肌理的生成方式，可分为自然肌理和人造肌理

自然肌理是指材料未经人为加工处理所呈现出来的肌理。早期首饰，较多保留了材料的自然肌理。例如，原始时期，人们捡拾珠贝或使用鸟羽、角牙所做的直接用于穿配的饰物就大多保留了材料的自然肌理。随着生产力的提高，首饰加工工艺也有所改进，从而使首饰材料的肌理变得更加丰富，不再限于使用材料的自然肌理。而如今，一些首饰设计师的审美有回归自然的倾向，他们直接选取自然材料，如原矿石、木材、皮革等做设计加工。这些材料的自然肌理所呈现出的天然质朴给人以回归的亲切感。

人造肌理是指材料经冷、热加工等人工技术处理所产生的表面效果。在首饰设计制作中，金属和非金属如宝石等材料一般都要做人工处理，使其产生符合设计效果的肌理。

金属的人造肌理方法最多，其效果也最为丰富。金属人造肌理的具体制造方法有压、刻、凿、錾花、磨等冷加工，也有焊接、褶皱等热加工。而如木纹金、金珠粒、花丝、镶嵌、珐琅等工艺得到的金属肌理就可用异彩纷呈、美轮美奂来形容。这些工艺既可以单独使用，自成一篇，亦可联成交响，汇成鸿篇巨制。

宝石的人工处理技术和方法不及金属丰富，常见的主要有切割和打磨工艺。不同精度的磨料可使宝石表面呈现或粗糙或光滑的不同效果。除打磨工艺以外，宝石的切割也会使得宝石表面呈现不同的肌理效果。切割面的大小形状和切割角度、切割方向等的不同都会产生不同的肌理效果。图3-1-47《左与右》项坠中，透明海蓝宝石的主石底面采用了特殊的切割工艺，呈现出具有交叉层次的独特肌理效果。主石与两侧带有絮状浸染效果的半透明玛瑙形成一种清澈与朦胧的视觉反差。

图3-1-45 手镯（灵蛇系列），碧玺、祖母绿、钻石、18K白金，宝格丽　　图3-1-46 "Giardinetto"胸针，祖母绿、红宝石、钻石、18K黄金，宝格丽，1959年　　图3-1-47 《左与右》项坠，海蓝宝石、玛瑙、铂金，Jutta Munsteiner，2006年

（2）按照人的感知方式，可分为视觉肌理和触觉肌理

视觉肌理：可视的，通过视觉经验感知到的肌理称为视觉肌理。相对于触觉肌理而言，视觉肌理具有间接性、经验性和相对不真实性。利用这一点，人类学会使用模仿或替换材料的方式来达到与原有材料一样的表面肌理效果，这一方式也扩大了使用材料的空间和表现力。木纹金工艺正是用金属材料来模仿木纹视觉肌理的典范。

触觉肌理：可触的，通过触觉经验感知到的肌理称为触觉肌理。肌理的触觉感受极大地刺激了使用者的感官，因此说，触觉肌理美化并丰富了视觉世界。

2. 肌理的心理感受

首饰作品由各种材料制成。这些材料都有各自的肌理。每种肌理给人的审美感受和心理感受各不相同，例如，纯银温润、洁白，珍珠光滑、细腻，木材质朴、含蓄，丝绸柔和、光滑，等等。此外，各种处理工艺的运用又使得材料原本单一的自然肌理得以改变，而使观者产生更丰富的心理感受。例如，光亮、镜面的金属肌理给人时尚、简约之感；磨砂的金属肌理使人感到柔和、优雅；敲凿的金属肌理有种原生、粗犷之感……对材料肌理的理解不要单纯停留在视觉表面，应潜心思考，试将对象理解为鲜活的个体，细细品味它们的性格特征，用心亲近这些对象，才可能获得更为亲切、深刻的感受。

3. 肌理的选择与运用

在首饰设计中，肌理的美感也可能成为作品的审美主体。如图3-1-48中的三个戒指，分别运用了不同的敲凿方式形成了不同的肌理，又辅以不同调性的造型，再配以古旧的色彩，造型简约，色彩单纯，目的就是要突显肌理之美。

肌理也可以扮演配角，体现细节，起到一种锦上添花的作用。它能使作品表达得更加清晰明确，也能使作品的风格特征更为突出，效果更好。肌理的恰当运用也是作品内在品质感的体现，是延长观众视线停留时间的有效手段，更是值得使用者久久把玩品读、不断回味的良好保证。在图3-1-49的《皇冠女戒》中，为呼应配钻的璀璨和烘托主石，同时也为获得更为精致、细腻的效果，轮廓线和结构线上都采用了珠边做肌理。这件作品的造型典雅高贵，主石色彩鲜明，肌理更多的成了一种装饰和点缀。

（四）首饰设计的形式美法则

首饰的形式美是指构成首饰的物质材料的自然属性（造型、色彩、肌理等）及其组合规律在形式上所呈现出来的审美特征。首饰设计的过程，从设计师的直觉（灵感）产生到具体的造型、色彩、质感等的呈现，是一个从模糊的感性上升为清晰的理性的过程。理性的呈现则要求实现过程必须具体的量化，而量化的过程即是作品形式美展现的过程。这也正是我们要谈及的形式美法则问题。长期以来，人们对形式美的规律进行了系统的总结和概括，形成了一些关于形式美的法则。我们将这些法则概括为统一与变化、比例与尺度、对比与调和、对称与均衡、主次与层次、节奏与韵律。

1. 统一与变化

统一与变化是形式美的总法则。统一是指运用各要素在形式上的某些共同特征，产生诸如呼应、均衡、对称等的关系，使作品达到和谐、完整一体的效果。变化则与之相反，它要在统一前提下寻找、制造并运用各要素的差异性，以造成形式上的跳跃和不同，使作品更生动、活泼。

图3-1-48　三个不同肌理的戒指，925银，无双，2016年

图3-1-49　《皇冠女戒》，祖母绿、钻石、18K黄金，喻珊，2016年

图3-1-50"围兜"项链，从外形上看，项链呈"U"字形，中间似乎是因为重力的作用而下垂、变宽，整体节奏也随中间的这一变化而改变。但是我们注意到，项链的外侧轮廓线并不因中间部分下垂变宽而完全随弯就曲。作为下垂部分的呼应，外侧轮廓线在不影响整体统一的同时又小做文章，在两侧做了一个内收式的弧线，这使作品放中有收，收中有放，也使本已流畅的曲线在节奏上多了些许变化，整体显得浑厚饱满而又多彩多姿。项链似一张张开的网，内侧轮廓线似网纲，宝石如"目"，"纲"举而"目"张，宝石由小到大随网展开。设计师利用项链受重力作用而使中间部分下垂、加宽这一合理性，展示了项链的主体部分，这也是作品的高潮所在。从上至下，由小到大，比例均匀，排列规则，顺势而下，如瀑布一般扑面而来，造成一种强烈的视觉冲击。

2. 比例与尺度

比例与尺度是首饰设计形式美的基本法则。它们是由首饰的审美和实用功能决定的。首饰作品的比例是指作品的整体与局部、局部与局部之间的尺寸大小关系。而首饰作品的尺度，在形式美法则中则表现为一种衡量计算的标准。它是根据人的生理特点及使用方式所形成的恰当的、合理的尺寸范围。也就是说，尺度在此有两层含义：一是指首饰与人的比例关系，二是指首饰自身的尺寸大小。

尺度，除形式美法则中的设计尺度含义之外，还有其社会意义。在首饰发展史上，我们看到，很多时候首饰的使用和佩戴对使用者的身份和地位都有严格的规定。时至今日，职业、身份、地位等因素依旧对

首饰的使用有很大影响。尺度是一个参照标准和规范，不同的社会，不同的人，尺度的意义是不同的。因此，在首饰设计中要注意参照人的社会尺度，才能使设计更加完美。如果说比例是理性的、具体的物与物的关系，那么尺度则是相对偏于感性的、抽象的物与人的关系。合理的比例能给人以美感，而恰当的尺度则使人感到舒适、亲切。

在充分考虑尺度的基础上，再进一步考虑作品各部分间的比例关系，先"大比例"，再"小比例"，即先考虑首饰作品与人体之间的比例，再推敲首饰作品本身整体与局部、局部与局部之间的比例。（图3-1-51）

黄金分割律是设计中常用的比例关系，被认为是最佳比例、最美比例。但是世界上没有固定不变的美，当然也没有最佳的比例关系。古希腊数学家毕达哥拉斯说过"一切的美都出自于神奇的比例之中"。我们要在学习中多体会、积累、灵活运用。

3. 对比与调和

对比是指将形式中两种相异或对立的元素放在一起，进行比较和对照的一种组合方式。对比主要是为突出各元素之间的差异。它的运用多是为了强调作品的主次关系或是为增加作品中的变化，使作品主题鲜明又丰富多彩。对比在首饰设计中常常表现为体积的大小、线条的曲直、纹饰的繁简、色彩的冷暖、质地的粗细等。调和与对比相反，它是要减弱相异或对立元素间的差异，协调各元素之间的关系，使它们统一在作品中。调和主要是找到各元素间的相似或共同之处，使它们不再彼此对立或相互排斥，而是在某一基

图3-1-50 "围兜"项链，祖母绿及钻石等宝石、黄金，卡地亚，1947年

图3-1-51 月光石、黄金、珐琅项链，Fred Partridge，1900年

图3-1-52 月光石、黄金、珐琅项链，Fred Partridge，1900年

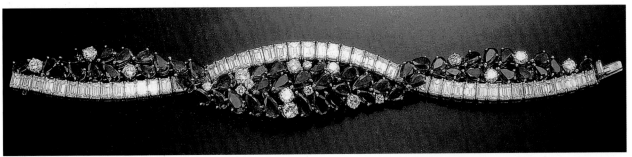

图 3-1-53　中国清代宫廷金钿

图 3-1-54　澳宝耳环，珐琅工艺，René Lalique，20 世纪初

图 3-1-55　《春天》胸针，Yeonmi Kang

图 3-1-56　红宝石和钻石项链，卡地亚，约 1930 年

调下统一和谐起来。显然，调和是在对比之下进行的，其目的是使对比产生的主次关系更加突出，同时又使对比产生的变化更加自然合理。如果说对比是动人心魄的刺激，那么调和就是悠游自在的闲适，两者一动一静，相辅相成。

图 3-1-52 中，椭圆形月光石的面与左右两组配饰的线形成强烈的对比，使作品的主次关系十分分明。项坠椭圆形曲线的内敛与左右两组配饰的外放对比也十分明显，这又使得主体显得浑厚饱满而配饰则飘逸多姿。再有，左右两组配饰的基本形由下至上、从大到小呈收敛之势，与整体连接线在相同方向上的外放形成又一对比，使作品整体放中有收。作者在调和上也是煞费苦心。一是配饰的基本形中连接三条放射状线的弧线的运用，使得三条线连接为一个整体，同时与项坠的椭圆形曲线相呼应。二是，随弧线点缀的小月光石的运用又与主体月光石产生呼应，使主次浑然一体。

4. 对称与均衡

对称是指作品中相同或相似的形式要素之间，在相称的组合关系中所构成的绝对平衡。均衡广义上讲就是一种平衡。它可以是形和量都对等的绝对平衡，即完全对称，也可以是形和量都不对等，但在整体感觉上达到的一种平衡，即非对称平衡。设计中所说的均衡通常是指这种非对称平衡。因为对称在视觉上天生就给人一种秩序感，所以在审美上使人产生自然的愉悦。我们从中西方传世的经典首饰，尤其是宫廷首饰中可以看到，它们多采用对称形式，营造庄重、华贵、典雅的艺术效果。（图 3-1-53、图 3-1-54）

图 3-1-55 是名为《春天》的胸针。它为我们展示了均衡的艺术之美。漂浮的小船上，少年自在地吹着短笛。作品的重心略向前倾，因此，作者在船的后部设以花枝，花枝向后上方伸展倾斜，平衡了前倾的重心。这样的设计不仅达到了视觉上的均衡，而且看上去轻松自在。悠扬的笛声打破了宁静的画面，使作品静中有动，恰似明媚的春天，轻松而又温馨，很好地呼应了主题。

5. 主次与层次

设计如同行文撰稿和作曲，无论是鸿篇巨制还是抒情小品，总是有强调的重点和突出的主题，这就要求要有相应的辅助内容作为衬托，即要有主次的区分。除此之外，根据表达的需要还要有与之相应的次序关系，即层次关系。因此，要想使作品获得更好的效果，除重点把握好主题之外，还要恰当处理好主题与辅助内容之间的关系，以及它们在表达上的前后、上下等的层次关系，使作品既能主次突出又能层次分明、和谐一致。主次与层次不同：主次是指表达的内容之间的关系，而层次多指表达时的顺序关系。一般情况下，表达的主体都在表达的第一层次上，但有时根据设计的需要，也会将主体放在其他层次甚至最后一个层次上。

图 3-1-57 手链,祖母绿、钻石、铂金、白金,20 世纪 70 年代

图 3-1-56,项链的主体无疑为三个圆形。中间最大的那个圆形是主要形体,左右对称的两个圆形为次要形体,余下链部均属附属部分。从色彩上看,以红宝石的红色为主色调,无色钻石作为陪衬。为获得视觉上的均衡,视觉中心部分的红色由强至弱呈渐变式递减,逐渐融入无色钻石中。项链如同一首乐曲,主次分明,高潮跌宕,过渡自然,使人回味无穷。

6. 节奏与韵律

节奏是指用反复、对应等形式把各种变化因素加以组织,构成前后连贯的、有规律变化的有序整体。这种合规律变化的形式在首饰设计中主要是通过造型、纹饰、色彩、肌理等的变化组合表现出来的。韵律是指在节奏基础上的一种和谐统一。节奏强调个别或局部因素的变化是否合乎规律,而韵律是指整体的变化是否具有美感。以文章作比,节奏是文章中的句子和段落,那么韵律则是整篇文章。俗语说,有佳句不一定有佳篇。因此,在设计中,除要处理好局部的节奏外,更重要的是要把握好作品的整体韵律。

图 3-1-57,手链采用了重复与递进的手法将各元素并列组合在一起。每一个单元格都是对下一个单元格的唤起,使得观者的视线在左右方向上水平移动时,随着节奏的变化,在视觉上产生一种流畅的韵律,从而引起观赏者的愉悦感。绿色宝石与钻石在繁简、疏密中的对比也使得这种因连续而产生的韵律感更加强烈。在色彩上,白色圆钻点缀于绿色宝石中,圆钻与方钻遥相呼应,形成一种混合式调和。

图 3-1-58《同一类》戒指,元素一个接一个地交错或重复出现,犹如鼓点式的节拍,形成了一种立体跳跃式的节奏。色彩、纹样做有规律的穿插,产生了一种韵律感。在这个例子中,我们依旧可以看到通过繁简和疏密的对比增强韵律感的效果。纹样通过错位、反转的变化,使原本连续反复的排列产生了变异,让作品在井然的秩序中多了一丝轻松感。

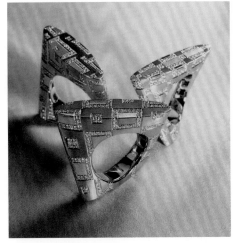

图 3-1-58 《同一类》戒指,18K 金、钻石,Christo Kiffer,2004 年

博物馆、外出旅行等活动,尝试运用首饰的形式来表达所思所感,绘制成设计草图,使速写成为一种习惯。

3. 选取一个自己感兴趣的物象或话题,用十天时间制作一本关于它的专辑。以图像收集为主、文字描述为辅,注意思路清晰,提取或表现事物的主要特征。

4. 设计策划书:设计一个首饰品牌,为其撰写品牌策划书以及本年度设计计划。注意结合品牌定位以及本年度重大事件等因素。

5. 造型设计练习:以静止的空间和流淌的空间为主题设计两套首饰,主要运用造型元素来表达,撰写设计说明,绘制草图。

6. 色彩运用练习:以四季为主题设计四套首饰,主要运用色彩搭配来表达,撰写设计说明,绘制草图。

7. 肌理运用练习:通过不同材质与肌理的运用,设计三种不同风格的首饰——古典的、都市的、优雅的,并撰写设计

思考与练习

1. 谈谈你对现代设计的理解。

2. 设计师速写本:准备一个速写本,用以图像为主的形式记录下每日感兴趣的物象或话题。有意为自己安排一些如看电影、参观

说明，绘制草图。

8.阅读贡布里希的《秩序感》一书，撰写一篇与之相关的小论文。具体内容不限，注意选点小而精，切忌宽泛的空谈。

第二节　首饰设计流程

一、灵感、命题与素材

设计并非凭空产生，它是设计师在明确目标与任务以后，从已有的经验和认识出发，观察、认识事物，并以自我独特的方式进行表达，以及跟踪反馈的过程。它有一定的程序和步骤，是一种相对理性的行为。它不像艺术创作活动那样自由随意，但它又有一种如艺术活动一样的、非理性的爆发点，即"灵感"的产生。

灵感是设计创作中瞬间产生的、富有创造性的突发式思维状态，是一种特殊的、非理性的直觉感受。灵感是设计的起点，它如同"火花"，瞬间"点燃"沉淀已久的经验"干柴"，使创作顷刻"云开月明"。世间万事万物都有可能成为灵感的种子，视觉的、触觉的、听觉的、味觉的……我们可以抛开时空的限定，回首过去或想象未来；也可以逾越现实的束缚，驰骋于梦境，或在想象的天地自由翱翔；还可以尝试寻找自己感兴趣的事物或者与该创作命题相关联的知识，留心自己的所见所闻，有时小到某个不起眼的细节，都可能让我们获得意想不到的灵感。这些想法可以用拍摄图片的方式记录，可以用手绘的形式表达，也可以记录成文字，以便随时整理，积微储变，等待灵感生成。

正如雕塑家罗丹所说："在艺术家看来，一切都是美的，因为在任何人与任何事物上，他锐利的眼光能够发现'性格'，换句话说，能够发现在外形下透露出的内在真理；而这个真理就是美的本身。"[2]优秀的首饰设计师应该是厚重且敏锐的。他会在某一领域有较深的研究，并且懂得将不同领域的事物、原理加以转换；他的思维活跃，勤于思考，并且善于把握时代的脉搏。有人说，首饰设计师通常患有一种"职业病"，看到很多东西都觉得可以演化为首饰，看到很多物品都觉得可以成为创作的素材，都想把它带回家。

2　[法]奥古斯特·罗丹口述，[法]葛赛尔记录《罗丹艺术论》，沈宝基译，广西师范大学出版社，2002，第3页。

这是一个幽默的形容。但从另一方面，它也描述了首饰设计师的一种工作状态——一种被转化为生活习惯的工作方式。设计不能凭空产生，设计师的创作也是需要滋养的。这好比植物不能缺乏养分，只是设计师远非植物那样简单，他的滋养是多元的，如案头阅读、户外远足、聚会交流等。如果哪一天我们发现自己灵感匮乏，或许需要问问自己，你把自己密封起来了吗？以下列举一些丰富我们灵感源泉的方法：考察艺术区、参观美术展、参观博物馆、参观特色建筑、旅行、看电影、看戏剧、上网、阅读书刊、参加聚会或活动、参观博览会以及首饰交易会等。如果说"机会是留给有准备的人的"，那么，天赐的灵感也会时常光顾那些善于积累和发现的设计师。

灵感的火花转瞬即逝。设计师需在捕捉到这个一闪而过的"念头"之后，将之延续、生发以至实现。个人阅历以及知识结构毕竟有限，这就需要设计师围绕这个"念头"收集更多的资讯。这些用于设计创作的资讯就是素材，即作者从现实生活中收集到的、未经加工的、感性的、分散的原始材料。素材是从灵感原点的发散与扩展，通常是以原始资料的方式呈现。它可以是文字资料，也可以是图像记录。在收集后需对素材进行整理、提炼、加工和改造，方可纳入设计。这一过程，就是素材的收集、整理和运用的过程。

设计是为人的，它的宗旨是要解决问题。因此，我们可将设计理解成一种带有一定目的性的"任务"。命题就是具体的"任务"，是我们为某一设计制定的"题目"。命题可能是设计师根据个人喜好或即时感受拟定的，也或者是设计公司、团队根据品牌风格及营销策划等制定的，还可能是客户根据其个人意愿想法所拟定的。尤其在商业首饰设计中，设计往往是从命题开始的。

命题与灵感，都有可能成为设计的起点。它们一个理性，一个感性。命题可能需要较长的时间来酝酿；灵感则可能突然降临，是可遇而不可求的。有意思的是，尽管两者相去甚远，但也有偶遇的时候。在命题酝酿的过程中，可能会因某一事物的引发而突然产生灵感，使设计"石破天惊"。

二、设计构思

构思，也可称为构想，就是构建或构造想法，将想法、思想转化成现实存在的前过程。设计构思，就是围绕命题将目标、素材等经梳理、整合后构建成达到预计标准和规范的效果或方案的过程。构思的过程是观念的进一步深化。过程中可能获得意外惊喜，也可能因目标定位、材料、工艺技术等搁浅而另谋出路。构思最终是设计师以草图和文字说明的形式呈现出来的。构思是设计的灵魂，是核心所在，是整个设计的理论指导，是由灵感至实物的桥梁，是极感性到极理性的过程。

（一）设计构思要素

1. 表现思想

构思，顾名思义就是构建想法。那么首先是要有想法，而后设想着如何将其付诸实施。这就如同写文章一样，作者首先必须清楚自己想要表达一种什么样的思想和感受，之后才涉及内容的选取，和用什么样的形式、方法来表达。设计也是如此。作者——设计师一定要明白自己是在"创作"，是通过作品传递给人们一种思想，而非"无病呻吟"式的"制作"或"东施效颦"式的"仿作"。

2. 表现内容

表现内容即表现对象，它是整个设计的主体。设计师因某一事件、观念、现象等的启发，获得某种感受，产生创作的冲动，从而在头脑中形成物化的形象，即表现内容。表现内容在诞生之初并非都有清晰的形象。它可能只是一种感觉，或由某些词汇描述建构，也可能是一种或一些模糊的形象。它

的形象会随着表现形式以及表现方法的确定而逐渐变得清晰明确。

3. 表现形式

表现形式是设计构思中最重要的部分，是内容的外在表现方式。因此，当表现内容确立以后，设计师需要考虑这些内容的形体、色彩、质感等设计元素以及相互间的比例和位置关系。这其中就涉及社会学、心理学、人体结构学、美学、服饰学、市场学等多门学科知识。它的实现也是设计师综合素质和设计能力的体现。

4. 表现方法

表现方法就是如何实现作品的问题。它和表现形式同是设计师风格的重要体现。相同的内容、形式和材料，不同的表现方法会有完全不同的意义。表现方法又与现实的制作和生产技术密切相关。因此，通过首饰作品可以看到当时生产力的发展状况。

作为艺术品的首饰需要考虑的因素较为单纯，它只需要选择合适的材料与现实具备的制作工艺即可。而作为商品的首饰，则需充分考虑市场因素，在选择材料与工艺时要顾及生产成本、产值和销售等因素。

（二）设计构思的基本方法

1. 发散思维法

大脑在思考时呈现一种兴奋的发散状态，表现为思维向多维方向扩展。这是一种极具广度的思维模式，为创造提供了广阔的通道。

头脑风暴法是首饰设计构思初期较为常用的一种方法。它是一种为产生新观念或激发创新设想而进行的无限制的自由联想和讨论的方法。它也是一种既适用于团队性质的小组讨论，也适用于设计师个人的发散性思考。这种方法强调自由畅想、延迟评判、禁止批评、追求数量。这种不受约束的讨论与思考，极大地激发了设计师的热情，最大限度地发挥了创造性思维的能力。（图3-2-1）

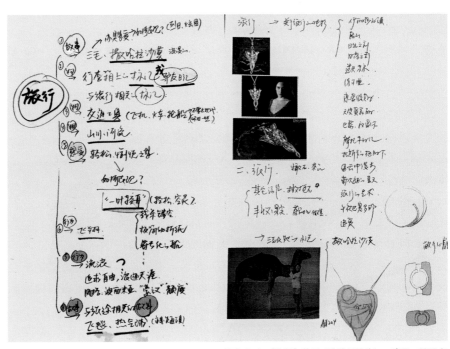

图 3-2-1 "旅行"构思（头脑风暴法），喻珊，2015 年

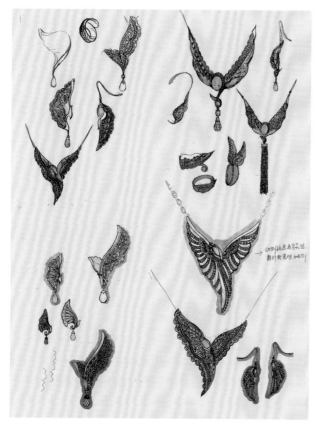

图 3-2-2 《鸾翔凤集》草图，喻珊，2015 年

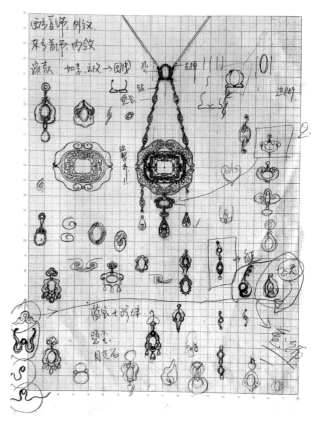

图 3-2-3 运用变更置换法对《流云的礼赞》项链造型进行调整，喻珊，2009 年

2．深度扩展法

如果说发散思维法犹如撒网，那么深度扩展法则如收网捕鱼。这是一种聚合式的思维模式，在头脑风暴的诸多结果中选取最为恰当、有效的方法作为思考的中心，深入挖掘与拓展。这是深化设计构思最为有效的方法。深度扩展的构思可以表述为文字，也可以以图像的方式表达。（图 3-2-2）

3．极限思考法

极限法原本是指用极限概念分析、解决问题的一种数学方法。在首饰设计中，是指将思考对象的特征推向极致去探索其最大限度的可能性的方法。

4．逆向思维法

又称求异思维法。它是对司空见惯、似乎已成定论的事物或观点进行反向思考和探索。逆向思维可以克服人的思维定式，从而获得出人意料的效果。

5．联想法

借助想象，把相似、相关、相连、相对或在某一点上有相通之处的事物加以连接。这是一种由此及彼地扩大和丰富设计构思的方法。

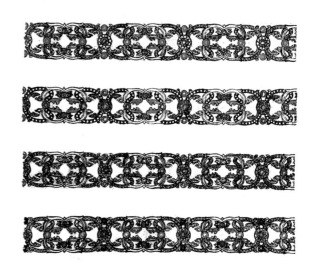

图 3-2-4 运用变更置换法对手镯配色进行调整，喻珊，2015 年

6．变更置换法

将具体的设计元素不断地进行变换和推敲，从而获得最佳的方案。诸如具体造型元素的置换（图 3-2-3）、色彩搭配的调整（图 3-2-4），甚至具体加工工艺的变更等。

7. 加减法

根据设计定位，在原有设计上进行增加或删减，使新的设计更加丰富或简洁。初学首饰设计的设计师往往喜欢运用加法，它会造成多余或不相干元素的堆砌，导致作品繁缛沉重；高水平的设计师则更善于运用减法，使得作品简洁、清晰、明快。因此，好设计的评判标准之一即好的设计是简单的设计。需要说明的是，当设计师经验不足、缺乏表现力的时候，其设计作品也会显得简单，但这种简单有些苍白、勉强，有种"为赋新词强说愁"之牵强。因此，减法不是一味的简单，而是要抓住精髓的高度提炼。

（三）设计构思分解步骤

1. 撰写设计提要

设计提要的撰写是明确设计构思的过程。在一项设计开始之前需要清楚设计的主题、该项目的目的以及要点等。尤其对于定制性的商业首饰，还涉及顾客的具体要求。因此，有必要撰写一个简洁而清晰的设计提要，从而使设计思路更加明确，更具针对性。

2. 收集相关资料

明确设计提要以后就需要我们对主题进行相关研究，从而放开我们的视野，围绕主题收集资料并联系相关知识，使得设计更加丰满。例如，当我们看到杯中的茶水而产生设计灵感，故而想到关于"水"的设计，设计中还蕴含着茶的文化的理念。在设计思想初步确立后即可展开相关的调研。除了进行关于水的形态等表象特征和性格研究以外，还需要挖掘其文化的深层含义，包括中国人对于水的理解、经典的文献归纳、经典绘画或其他美术作品中水的表现，以及茶文化的背景和衍生意义等。我们对事物总会有一些习惯性的认识，这种习以为常的认识可能使得我们的思维停滞、受阻。在拓展研究中，我们会发现许多预想不到的兴奋点，这些或许正是攻克设计难点的突破口。资料的形式很多，可以是文字（图3-2-5），也可以是图片（图3-2-6），或是实物……

研究的面很广，东西很多，这需要我们集中精力寻找出设计的重点，并明确研究的要点，此外，还需要考虑通过何种信息来源可以最有效地找到相关的拓展信息。最后，是对相关研究进行再整理、筛选，适时参照设计提要，以免偏离主题。

3. 确立表达方式

在这一过程中，整理后的思路通过首饰的语言被表达出来，抽象的构思转化为具象的形态。这一过程包含了具体的造型、色彩、肌理、材料，以及需要运用的技法等，最终以草图及文字说明的形式呈现出来。模型的制作作为

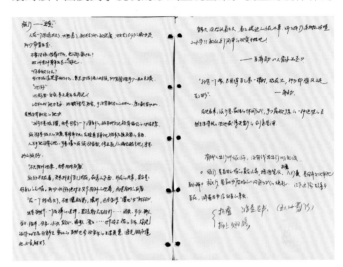

图3-2-5　旅行话题的文字资料收集，喻珊，2015年

图3-2-6　《旅行——撒哈拉之恋》的图片资料收集，喻珊，2015年

图 3-2-7 嘉峪关采风途中的摄影记录

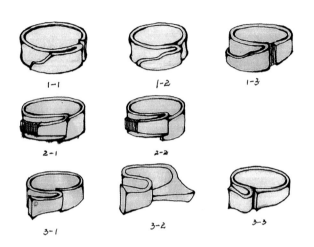

图 3-2-8 嘉峪关系列——外形启发的设计，喻珊，2009 年

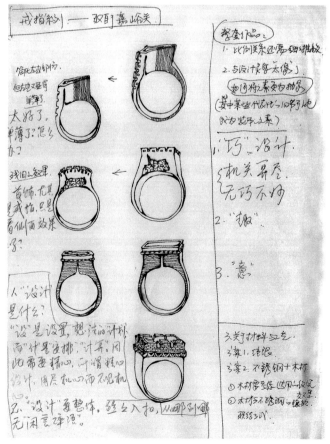

图 3-2-9 嘉峪关系列——廓型与结构的推敲，喻珊，2009 年

从构思到成品的过渡形式，是成品造型的参考。它是对构思的进一步推敲深化，使构思更为成熟。

4. 案例分析

嘉峪关系列取自一次西行。身临其境，被这"天下第一关"的庄严与雄伟所震撼，仿佛进入时空隧道，思绪穿越回若干年前那个沙尘飞扬、金戈铁马的年代……如果设计直接选取嘉峪关城楼的外形，那么势必局限于对现实物象过于真实的"描摹"，少了艺术中最为可贵的"提炼"。

让我们先来探讨一下"盲人摸象"的故事。每一位摸象的盲人对大象都有不同的认识。对故事的解读亦如对事物的认识一样。故事的初衷可能是提示我们认识事物要全面，然而，这是不可能的。故事同时从另外一个角度告诉我们，看问题不能千篇一律，需尝试从不同的角度去认识、理解。艺术之所以如此有意义、有魅力，其真意也在于此。艺术家对事物的认识、理解是仁者见仁，智者见智。他们将自己的认识，用自己特有的语言表达出来。与众不同的是，每位艺术家用于表现自我认识的形象都是经过高度提炼的，语言也很独特且能自圆其说。

很多时候，我们不必过多地受素材中信息的束缚。有时或许因为素材中的一个小细节或某种结构形式也可能引发我们的想象而生出好的设计来。在取自嘉峪关的构思记录中（图 3-2-7），嘉峪关城头，内外城墙勾连环接，箭楼、角楼相倚相望的情景引起了设计师的强烈兴趣，设计师因此勾勒了图 3-2-8 的一系列草图。图 3-2-9 是设计的调整和再提炼。作者选取"城墙"这一元素，以局部代整体来表现对象。在这一过程中，设计师主要研究了城墙整体廓型与具体结构的关系。根据城墙拐角的转折结构，而将饰品的基本结构以"翻转"的形状构造。设计师在大框架构建基础上，进一步推敲比例、节奏，确立了基本的造型。

图 3-2-10 是在造型与基本结构确定的基础上的进一步完善——对材质、装饰、色彩、表面肌理、工艺等方面的思考与运用。该图分别表现了 18K 白金和 24K 黄金两种材质的不同的肌理处理效果。因为这些表面肌理在特征上存在差别，所以在具体款式上又做了适当的调整。

作品采用金属材料，以起伏、转折为造型，以褶皱为主基调的肌理效果来表现城墙的连绵与厚重之感。

三、制作模型

立体的模型可以使抽象的思维变得具象真实，帮助我们进行设计上的推敲。模型制作不仅可以给我们提供作品的整体造型效果，还可以通过模仿实际佩戴过程，帮助设计师进一步调整作品结构，使之更符合人的尺度。适于制作首饰模型的材料包括锡纸、雕塑泥、首饰蜡、纸黏土、橡皮泥，以及各种纸张、羽毛、软陶等，使用时要根据作品的预计效果、材料种类、风格特征等加以选择。

四、图形表达

图形表达通常包括设计效果图与技术实现图两类。效果图主要表现作品的款式以及佩戴效果，是设计作品最为直观的表述。对于商业首饰，效果图更是设计师与客户交流沟通的重要方式。技术图则主要是用于交付版房或工厂加工制作时的关于材料、工艺和效果的数据说明，因此要求准确地将作品的造型、色彩、材质工艺等表述清晰，以作为具体加工时的指导。

（一）手绘图形表达

1.绘制基础技法

（1）结构与光影表现

结构与光影表现是手绘图形表达的基础。造型表现的要点在于物体轮廓线的确定与结构的安排和交待。在轮廓确定后，就要交待物体的结构。对于规则的平面转折而言，其结构就是面与面之间的交界线，相对清晰、明确；而对于曲面结构而言，

其结构线并不清晰，通常是借助明暗交界线来表现。光影的表现是根据明暗交界线的位置，以明暗交界线为最深，顺结构逐渐过渡变浅。与全因素素描相比，手绘的光影表现概括性更强，对比更为明显，且只有较少中间灰色的描绘。

图 3-2-10　嘉峪关系列——材质、表面肌理、工艺等的推敲，喻珊，2009 年

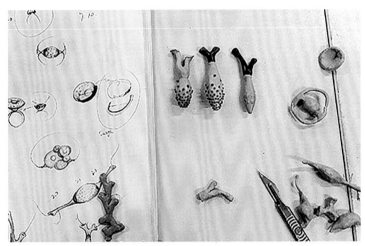

图 3-2-11　制作模型，李银梁，2015 年

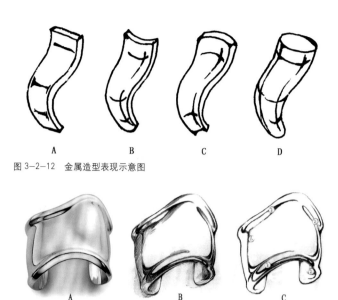

图 3-2-12　金属造型表现示意图

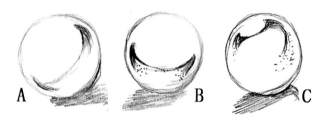

图 3-2-13　BONE 手镯的结构表现

图 3-2-14　圆球体的结构概括

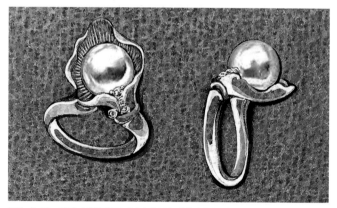

图 3-2-15　珍珠戒指手绘图（注意金属部分的光影概括）

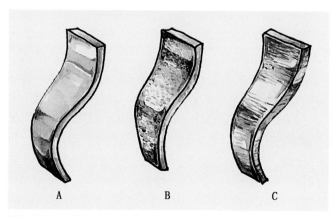

图 3-2-16　不同金属表面肌理的手绘表现

金属结构与光影表现

金属结构主要通过轮廓线、结构线以及明暗交界线来表达。图 3-2-12 为金属造型表现示意图，归纳了不同形体在纵向弯曲状态下的表现方法。从图中我们可以看到，区分这几种结构的关键在于轮廓线与明暗交界线的形状。

曲面金属结构表现的重点与难点在于对明暗交界线的寻找以及高度概括。让我们采用倒叙的方法来总结关于曲面金属明暗交界线的问题。图 3-2-13 中，从左至右逐渐将手镯的中间灰色省去，最后得到右图所示的明暗交界线。如果将这个手镯理解为圆柱体，我们会发现，明暗交界线可呈纵、横两个方向。

那么，如果是圆球体或其他形体又如何概括和表现呢？在不同方向光源照射的情况下，球体的明暗交界线的位置是不同的。图 3-2-14 中绘出了在几种不同方向光源照射下球体明暗交界线的位置和强弱的变化。图中点是表示金属球体的灰色部分。需要说明的是，首饰效果图结构的表现要与全因素素描区分开来。全因素素描更加"写实"，而首饰效果图则更为"简练""明确"。

在明确了手绘表达的"线"以后，让我们再来看看光影的问题。图 3-2-15 是非几何形曲面金属造型的光影概括举例。不仅线可以表达造型，光影同样也能表达，它是以"面"的方式来表达造型的。这种方式看起来更加直观、逼真。

光影除了可以表达造型，还能表达质感。表面肌理的表现是金属材质表现的重点，图 3-2-16 分别列举了镜面抛光、钉砂、拉砂三种肌理表现效果。

刻面宝石结构与光影表现

在表达刻面宝石款式时，要注意石形、主刻面、腰刻面以及星刻面的准确表现。由于首饰设计图通常为 1 : 1 的比例，因此可根据需要适当概括或省去部分细小结构。

标准钻石琢型可帮助我们进一步理解关于刻面宝石的结构问题。从图 3-2-17 中我们可以看到，刻面宝石从侧面来看，主要由台面、腰以及亭部三大部分组成。

不同切割方式的侧面效果往往大同小异。首饰效果图中，宝石更多以冠面正对"观众"。因此，接下来我们主要以几种有代表性的切割方式为例，介绍宝石顶视图的基本绘制方法。

①圆形刻面宝石画法一（图 3-2-18）

步骤 1：建立直角坐标系，过原点作两条 45°角辅助线。

步骤 2：分别按照宝石台面尺寸和冠部尺寸画大圆和小圆。

步骤 3：将小圆与坐标轴的交点与大圆与 45°角辅助线的交点相连接。

步骤 4：将小圆与 45°角辅助线的交点与大圆与坐标轴的交点相连接。

步骤 5：擦去辅助线。

②圆形刻面宝石画法二（图 3-2-19）

步骤 1：建立直角坐标系，分别按宝石台面和冠部尺寸画大圆和小圆。

步骤 2：作小圆的外切正方形，正方形各边要与坐标轴平行。

步骤 3：过直角坐标系原点作 45°角辅助线，作小圆的另一外切正方形，该正方形各边要与 45°角辅助线相平行。

步骤 4：将小圆的两个外切正方形交点分别与坐标系原点相连接，得到 4 条辅助直线；辅助线与大圆相交，连接各交点与小圆的外切正方形顶点。

步骤 5：擦去辅助线。

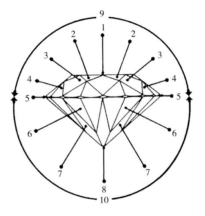

冠部：
1. 台面
2. 星形面
3. 上侧斜面
4. 冠部腰棱翻光面
5. 腰（钻石中直径最大的圆周）
6. 亭部腰面
7. 亭部主刻面
8. 底尖
整个形：
9. 冠部
10. 腰

图 3-2-17　标准钻石琢型图

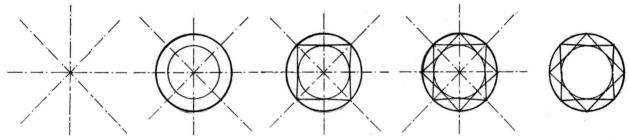

图 3-2-18　圆形刻面宝石画法一，喻珊

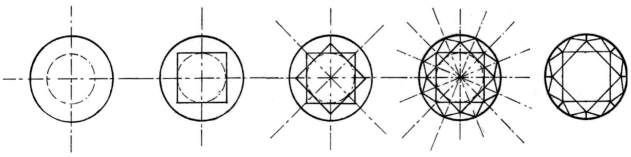

图 3-2-19　圆形刻面宝石画法二，喻珊

③马眼形刻面宝石画法（图3-2-20）

步骤1：建立直角坐标系，根据宝石台面尺寸用圆形模板画出宝石外轮廓。

步骤2：根据宝石冠部尺寸画出小橄榄形。

步骤3：作大橄榄形的外切矩形，并连接矩形对角线。

步骤4：将大橄榄形与坐标轴的交点与小橄榄形与对角线的交点相连接；再将大橄榄形与对角线的交点与小橄榄形与坐标轴的交点相连接。

步骤5：擦去辅助线。

④水滴形刻面宝石画法（图3-2-21）

步骤1：建立直角坐标系，在横轴上画两个相同大小的圆，相交部分即宝石台面的宽度；再以坐标系原点为圆心，以台面宽度为直径作圆。

步骤2：根据宝石冠面尺寸，用同样方法作出小水滴形。

步骤3：作大水滴形的外切矩形，连接矩形对角线。

步骤4：将大水滴形与坐标轴的交点与小水滴形与对角线的交点相连接；再将大水滴形与对角线的交点与小水滴形与坐标轴的交点相连接。

步骤5：擦去辅助线。

⑤祖母绿形刻面宝石画法（图3-2-22）

步骤1：建立直角坐标系，根据宝石台面尺寸作矩形，矩形中点与圆心重合。

步骤2：确定宝石边角形状（所减去边角一般为等边三角形）。

步骤3：经矩形顶点作倾斜边的垂线，垂线与坐标轴相交，将此两点与倾斜边的两端点相连。

步骤4：与倾斜线平行，向内作分割线，分割线与倾斜边两端点连线相交，依次连接这些交点。

步骤5：擦去辅助线。

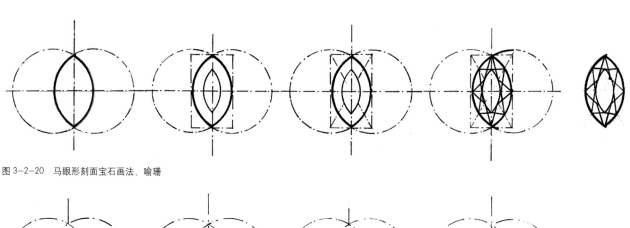

图3-2-20 马眼形刻面宝石画法，喻珊

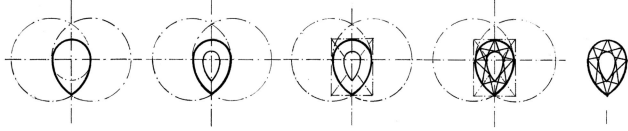

图3-2-21 水滴形刻面宝石画法，喻珊

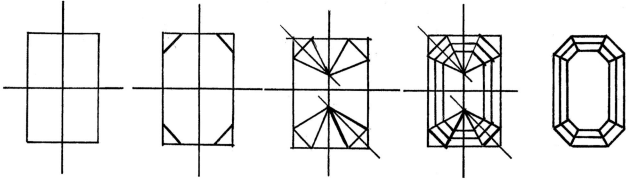

图3-2-22 祖母绿形刻面宝石画法，喻珊

⑥心形刻面宝石画法（图3-2-23）

步骤1：建立直角坐标系，用圆形模板画出大心形（画取圆弧方法如虚线所示）；再根据宝石台面大小以同样方法画取小心形。

步骤2：作大心形的外切矩形ABCD。矩形与纵轴相交于E、F两点，连接ED、EC、AF、BF。

步骤3：大心形分别与以上所作的辅助线相交于G、H、I、J、K、L点，过这些点向小心形作切线。

步骤4：擦去辅助线。

弧面宝石结构与光影表现

弧面宝石结构表现要领在于宝石形状与明暗交界线。刻面宝石的明暗交界线在面的交界处（结构线），而弧面宝石的明暗交界线不如刻面宝石明显。我们可按球体的光影来理解弧面石的明暗交界线。我们知道，球体有受光面和明暗交界线。在圆形宝石中，其受光面和明暗交界线的位置与球体很近似。但因宝石的表面光滑，反光明显，因而其反光面也非常明显，且宝石最暗部往往在受光面周围。图3-2-24列举了两种用线条表现弧面宝石的方法。

镶嵌画法

图3-2-25中列举了几种典型的圆形主石的镶嵌方法。其他镶嵌方法参见第四章工艺篇中"镶嵌工艺"的讲解。

在标准圆钻的爪镶的绘制中涉及圆周的等分，因此将常用的三等分、五等分、六等分圆周的方法列举出来，如图3-2-26所示。三等分与六等分是用丁字尺与三角尺配合画制，而五等分则可借助于圆规来完成。

（2）着色方法

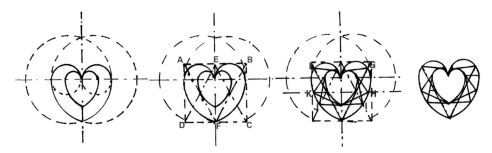

图3-2-23　心形刻面宝石画法，喻珊

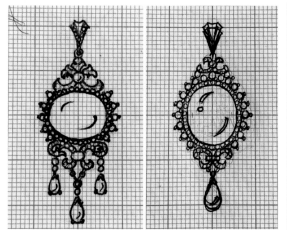

图3-2-24　有弧面主石的设计图，喻珊，2016

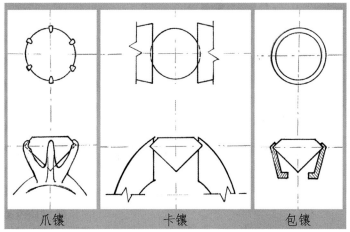

爪镶　　卡镶　　包镶

图3-2-25　爪镶、卡镶、包镶结构的俯视图、正视图

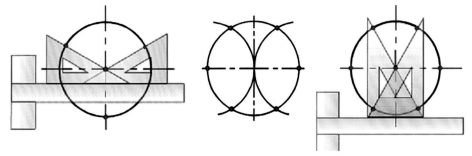

图3-2-26　圆周的三等分、五等分、六等分

手绘着色一般按照勾勒结构—加深暗部—绘制中间灰色—加重明暗交界线—提亮高光的步骤来完成。在手绘表达中，不同工具材料的选取以及绘制方法的不同具有不同的表现效果。留心体会首饰材质的特性，并可尝试用不同工具材料表现该种材质，选择恰当的方式表现其效果。例如，对于翡翠的表现用水彩颜料比用彩色铅笔更为适宜，而彩色铅笔更加适宜于表现珍珠以及木材的质感。当然，对于工具的选择因人而异，最重要的是设计师要熟悉如何使用工具和技法将材质最为合理、有效地表达出来。

金属的着色方法

不同的金属材质具有不同的色彩，即使相同含量的金基合金，因加入成分不同也会呈现不同的色彩。我们通过不同色彩的选择能准确表达未经电镀的金属的表面成色效果或经过电镀的金属的表面成色效果。图 3-2-27 列举了不同含量及成色的金的材质表现方法。从左至右依次为 24K 黄金、18K 玫瑰金、18K 白金、18K 黄金、14K 黄金。金的含量越低，颜色越淡。

金属色彩的表现并不局限于深浅变化，色相上的适度改变能使表现更具魅力。

如图 3-2-28，金属整体颜色以偏浅的中黄为主。暗部偏暖，适当加入褐色，亮部偏冷，略微添加柠檬黄，这样的处理避免了如素描般的枯燥色彩，也使作品更为逼真。当然，这些色彩的添加要适度，否则会改变主基调的色彩。尤其暗部色彩的添加，点到即可，否则会显得很"脏"。

图 3-2-29 的胸针，左右两侧金属部分的表面肌理不同，一是磨砂，一是镜面抛光。留心观察会发现：镜面抛光的表面明暗对比非常明显，亮部与暗部之间几乎没有

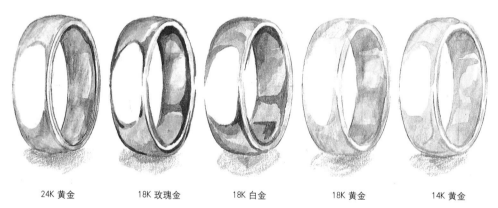

| 24K 黄金 | 18K 玫瑰金 | 18K 白金 | 18K 黄金 | 14K 黄金 |

图 3-2-27 金及合金的不同色彩举例

图 3-2-28 海星胸针手绘图，喻珊，2009 年   图 3-2-29 胸针手绘稿（磨砂与镜面抛光效果的对比），喻珊，2009 年

中间过渡；而磨砂的表面效果却刚好相反，亮部慢慢过渡到暗部，且亮部的明度不及镜面抛光中亮部的明度高。图中正是运用了这种对比来表达这两种表面肌理效果。

刻面宝石的着色方法

在讲述色彩之前，我们先讲解一下宝石的透明度及其表现问题。用作刻面工艺加工的宝石一般透明度较高，因此刻面宝石的外观不仅仅包含了表面的效果，还包含了透过表面所看到的内部以及底部效果。当然，由于冠部切面的关系，使得光线产生折射，底部（亭部）结构并不能如透过水面一样完整清晰地呈现，这也为材质的表现增加了难度。我们要学会概括归纳，找出主要的明暗交界线和主要的亮面、暗面，并区分中间明度切面的强弱层次。图3-2-30和图3-2-31分别列举了两种表现透明宝石的手绘方法。图3-2-30强调了透明宝石的亭部结构，而图3-2-31则强调台面的整体关系。

图3-2-32为常见的彩色椭圆刻面宝石的手绘方法。宝石的色彩表现要注意主基调色彩的保持并控制暗部色彩比例，以免过脏。从图3-2-32中，我们还可看到不同透明度的不同表现方式。色彩明度的控制以及饱和度的处理是通过色彩表现宝石透明度的重要手法。当然，透明度的表现还包含了恰当表现出底部（冠部）的程度。

弧面宝石的着色方法

刻面宝石的材质表现重在透明度的表现，而弧面宝石则重在光泽度的表达。如图3-2-33弧面宝石的材质表现，其强调了高光与周围暗部的对比，这样的处理会将宝石表现得晶莹剔透。

一些特殊材质宝石的着色方法

珍珠

表面光滑细腻，这是在质感表现时需要重点考虑的因素。珍珠色彩主要有白色、粉红色、浅紫色、黑色、金色。在镶嵌首饰中，除需表现珍珠的固有色之

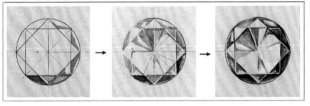

步骤1：勾勒宝石外形与切面结构，按光源关系画出宝石暗部。
步骤2：加深透出的亭部暗面以及冠部边缘的重色。
步骤3：加重主要明暗交界线以及边缘的重色，提亮高光。

图3-2-30　透明的切面宝石表现方法一

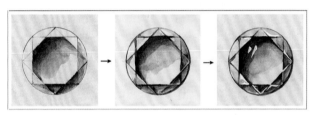

步骤1：勾勒宝石外形与切面结构，按光源关系画出宝石暗部。
步骤2：添加中间灰色，并用重色（蓝+黑）勾勒明暗交界线。
步骤3：用白色勾勒反光部分结构线以及宝石台面的高光。

图3-2-31　透明的切面宝石表现方法二

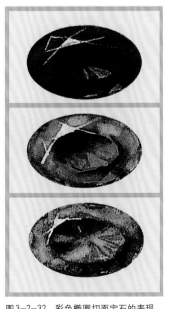

图3-2-32　彩色椭圆切面宝石的表现，Marina Bulgari

图3-2-33　有弧面宝石的手绘稿，Marina Bulgari

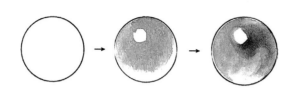

步骤1：勾勒珍珠外形。
步骤2：蘸水调珍珠固有色并绘制，注意反光部分的渐变并预留高光位置。
步骤3：调深色画出珍珠的明暗交界线，并用干净带水小笔晕化开高光接亮一侧。

图3-2-34　珍珠的基本画法

图3-2-35　有白色珍珠的手绘稿，Marina Bulgari

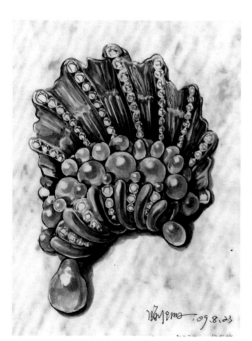

图3-2-36　有彩色珍珠的手绘稿，喻珊，2009年

步骤1：勾勒翡翠外形，并用其固有色画出大致明暗关系。
步骤2：加重暗部及中间灰色部分，注意过渡要自然。
步骤3：用白色提亮高光部分，并用略含固有色的白色画出翡翠反光。

图3-2-37　翡翠的基本画法

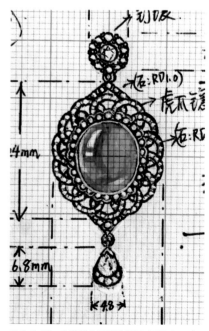

图3-2-38　有翡翠主石的效果图（局部），喻珊

外，还要适当考虑环境色因素。绘制珍珠，除使用水彩或水粉颜料以外，彩色铅笔、色粉笔等都是不错的选择。

图3-2-34介绍了珍珠的基本画法。表现中需要注意：粉红珍珠的用色宜用朱红＋白，不宜用大红／深红＋白；绘制固有色时不宜平涂，否则容易使颜色变"闷"；重色部分的颜色不宜太重，与固有色差别不宜太大，否则容易使颜色变"脏"。

对于白色珍珠的表现，更要注意对颜色的控制。图3-2-35与图3-2-36分别列举了白色珍珠和彩色珍珠的表现方式。图3-2-35的白色珍珠使用了非常接近于白色的浅灰色来表现暗部，将白色珍珠表现得尤为干净，与周围丰富而鲜艳的色彩形成对比。

翡翠

多为素面切割，其色彩较为单纯、干净，表现时不宜做过多变化。图3-2-37列举了翡翠的基本画法。如果纸张允许，尝试用水彩湿画法绘制翡翠也是不错的选择——可将翡翠的"水头"很好地表现出来。（图3-2-38）

欧泊

也常为素面切割。相对来讲，欧泊的

颜色较为丰富，色相变化较大。表现时一般在宝石内部运用较丰富的色彩变化，但宝石边缘常用单色归纳，而高光依旧用干净的白色来表现。（图3-2-39）

2. 制图

（1）透视图

透过一块透明的平面去看物体，并将所见物体准确地画在这块平面上，即可获得该物体的透视图。但通常我们会直接在平面上绘制透视图——根据透视原理用线条来表现物体的空间、轮廓及投影。透视图是将三度空间的物象较准确地描绘到二度空间的平面上。在透视图上，因投影线不是互相平行集中于视点，所以所显示的物体大小并非真实的大小，其有近大远小的特点。如果按照透视图上灭点的多少来分类，可将透视图分为一点透视、两点透视、三点透视。（图3-2-40）

（2）三视图

我们把人的视线定义为平行投影线，当人的视线正对着物体看过去，能清晰地看到该方向上物体的轮廓，将该轮廓绘制出来，即得到所谓的"视图"。任何形都具有上、下、左、右、前、后六个方位，我们将从前面向后面投射所得到的视图称为主视图，从上面向下面投射所得到的视图称为俯视图，从左面向右面投射所得到的视图称为左视图，从右面向左面投射所得到的视图称为右视图……其中，底视图和后视图较少使用。三视图就是分别从三个不同方向观察同一对象所画出的视图。一般情况，三视图包含正视、俯视、侧视三种角度，但这并非严格的规定，在绘制中可根据实际需要加以选择。三视图是表现对象结构的一种较为完整、直观的制图方法，是用于首饰加工的常用技术图。让我们以戒指的画法为例，学习三视图的基本绘制方法。按照行业习惯，通常将俯视图放在主视图的正下方，侧视图在主视图的正右方。三视图也可视用途的不同而有所侧重。

图3-2-41皇冠女戒三视图和图3-2-42定制女戒三视图主要用于加工中与工厂的对接，因此重在表现结构并标注有详细的数据资料。图3-2-43为卡地亚手绘图，是偏重于表现效果的三视图。通过对比，可以看出各自的异同。

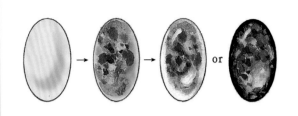

步骤1：勾勒宝石外形，根据宝石主色调于外形内绘制一层底色。
步骤2：将各种颜色大小不均地填涂于外形内。
步骤3：沿外形内侧涂刷宝石底色（如白色或黑色等），注意所涂刷的底色要与中间的彩色衔接自然。最后，用白色画出高光并晕染出反光。

图3-2-39 欧泊的基本画法

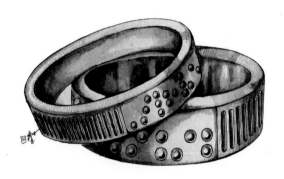

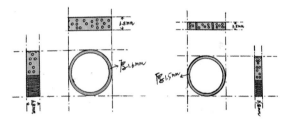

图3-2-40 盲文对戒透视图与三视图，喻珊，2015年

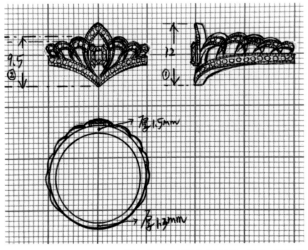

图3-2-41 皇冠女戒三视图，喻珊，2016年

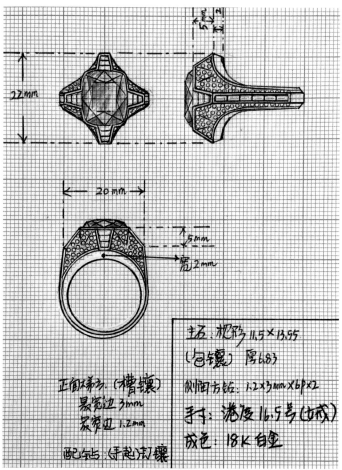

图 3-2-42　定制女戒三视图，喻珊，2016 年

（3）综合效果图

综合效果图是作品的最佳效果展示，有时甚至并不严格按照画法几何的原理，是一种添加了艺术效果的手绘表现形式，如渲染上色、添加人物、装饰等，目的是增加首饰作品的感染力。综合效果图可以是单色的，如采用素描的表现手法，但多数是彩色的，可以根据需要绘制。它可以是饰品本身的效果，也可以是佩戴的效果，总之，能表现出作者意图和作品完美效果即可，相对比较自由。

图 3-2-43 卡地亚手绘图以三视图的形式来表现，较之普通的三视图更为生动、逼真，提高了作品的可读性。因此，综合效果图也是一种更加易于被客户或投资商识读的表现形式。

同样是对首饰作品效果的直接呈现，图 3-2-44 的手绘图则只展示了作品的正面效果。这也是较为常见的综合效果图表现方式。

综合效果图的表现通常也会以人物的佩戴效果来展示。因为首饰的体积相对较

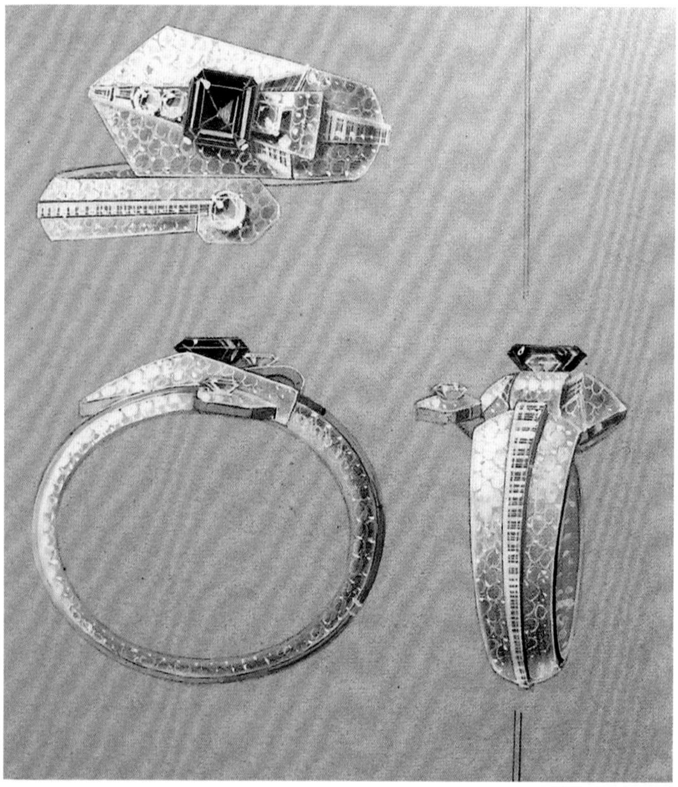

图 3-2-43　卡地亚手绘图一，1938 年

图 3-2-44　卡地亚手绘图二，1947 年

小，因此往往用人物或人体局部作为衬托。图3-2-45至图3-2-47是以佩戴效果展示的套装首饰效果图。

佩戴效果图的展示甚至可以加入情节性，这样的综合效果图接近于绘画，不仅对作品有直观的展示，而且其效果图本身就是一幅绘画创作。图3-2-48与图3-2-49加入了简单的场景，使得图画富有了故事性。无疑，这样的表现效果具有极强的感召力。

（二）计算机辅助制图

同样是"纸上谈兵"，计算机辅助设计和手绘设计却大相径庭。虽然少了手绘的亲切感，多了学习软件的烦琐准备，但计算机辅助设计也存在着许多优势。就设计而言，计算机辅助制图准确、方便、快捷，易于修改，便于表现立体和空间效果。从思维培养方面看，计算机辅助制图需按照一定的步骤和程序进行，因而能够培养学生的系统思维能力。在生产方面，计算机辅助制图所产生的工程图数据可直接用于后期生产。这些准确的数据，大大减少了制造中的误差，降低了生产成本，提升了生产效率。计算机辅助设计包

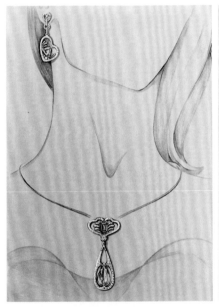
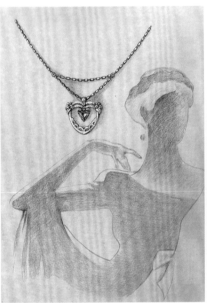

图3-2-45 定制套装手绘图一，喻珊，2015年　　图3-2-46 定制套装手绘图二，喻珊，2015年　　图3-2-47 定制套装手绘图三，喻珊，2015年

图3-2-48 卡地亚手绘图，1925年　　图3-2-49 《柳燕报春》手绘图，喻珊，2015年

括平面绘图软件和三维绘图软件。平面绘图软件主要有 Illustrator、CorelDRAW、Photoshop 等。三维绘图软件包括 JewelCAD、Rhino 等。平面绘图软件生成的效果图不及三维绘图软件生成的效果图直观，且不能直接用于工业生产，因而主要用于一些线稿类图纸的绘制以及图片的处理等。目前国内最常用的三维绘图软件为 JewelCAD 和 Rhino。

JewelCAD：目前业界认可的珠宝设计制作生产专业化软件，有很强的专业针对性，具有高效率、高精确度的特点。JewelCAD 具有强大的建模功能，可通过点、线直接成体，能进行结构复杂的三维造型设计。与传统起版加工相比，使用软件可任意拼接首饰部件，不用考虑焊接问题，还可精确控制宝石镶口的造型、大小、数量以及排列方式。这不仅简化了制作步骤，还节省了金料损耗。通过曲面工具绘制的造型与布林体相减、联集及其他工具的综合运用，能快速实现开石位、掏底、分层、镂空造型等工作，达到预期效果，有效节约生产时间。此外，通过 JewelCAD 建构的造型易于修改，生成的精准数据可以直接用于起版生产。

Rhino：一款广泛运用于三维动画、工业、机械设计制造等领域的三维建模软件。区别于 JewelCAD 的点、线直接成体，它是由点、线成面后再成体。它包含了所有的 Nurbs 建模功能，能顺利完成各种造型。尤其对非几何自由体造型的建构，能弥补 JewelCAD 在这方面的不足。Rhino 还可将高精度模型导出，用于 JewelCAD 等其他三维软件中。除强大的建模功能以外，Rhino 还具有珠宝生产加工所需的精准度，其生成的数据同样可直接用于起版生产。

五、撰写设计说明

设计说明是设计意图较为完整的文字陈述，也是对图纸的有益补充。图文并茂可使表述更加清晰立体。撰写设计说明要有要点和针对性，首先要明晰设计说明的使用目的及对象。

理论上讲，完整的设计说明包含设计构思、理念、材料、工艺等，对于定制类的设计还需列入客户要求、时间安排、具体加工计划等。但在具体运用中，往往需要根据设计目的以及步骤来撰写相应的设计说明，因而也无须如此全面，而是针对相应的步骤准确表达要领即可。

设计说明的撰写并不只在草图阶段，用于加工的图纸同样也需要配以设计说明。因为要交付工厂或版房完成，因此要求这个阶段的说明简明扼要，要领提示明晰。交由版房起版的说明，只需标注起版阶段的数据，诸如尺寸、材质（用于计算收缩尺寸）、镶嵌工艺等。若顾客对成本有要求，设计师除需在造型及用材上考虑成本限制外，还需将配石尺寸、数量以及材质要求准确写入设计说明，以确保起版合乎顾客要求。如果是交付工厂加工的图纸及说明，则还需要在设计说明中注明后期工艺，如抛光、电镀等。

六、样品的开发

精心调整过的纸上方案要成为成熟的作品，还需样品开发与推敲的过程。因为平面效果与立体作品之间存在着很大差别，而且有些问题只有在具体加工制作中才会出现，因此，样品的开发是不错的选择。对相近似的几款样品的开发、筛选与调整，不仅是对设计的有益补充，也有效降低了生产中因为款式修改等问题而造成的浪费，可降低生产成本。通过样品的开发，对设计图进行再调整，将最终成熟的设计图交由版房起版，等待后续加工。

七、成品的制作与再设计

成品的制作是使设计方案变为实物的过程。传统意义上的首饰设计，止于成熟图纸的完成，并不涉及加工制作。现代首饰设计中，设计师并不局限于纸上谈兵，他们或亲自完成成品的制作，或对后续的生产加工跟踪审核，包括及时的监督与调整。这样能减少生产中对设计作品理解有偏差等问题，不仅能使作品得以准确体现设计意图，而且通过与技术人员的商议探讨，还能降低生产难度，减少生产成本。

成熟的设计还包括成品投入市场后的反馈以及根据反馈进行再设计的过程。销售是对设计方案最终的检验。销售反馈不仅包含对产品的评价，也包含了新的需求信息。设计师自身对以商品形式呈现的设计作品会产生新的感受，时间因素也会促使设计的再调整，等等。这些因素会引发新的设计目标和方向，刺激再设计的产生。经过再设计的过程，设计才算真正完成。

思考与练习

1. 临摹结构、光影、质感表达的图例，绘制本书图 5-1-10、图 5-3-20 的透视图，注意结构、光影、质感的表达。

2. 进行宝石的图形表达临摹练习，注意材质、切割方式、色彩、透明度等因素的表现。

3. 分别绘制圆形、马眼形、祖母绿形、椭圆形宝石的三种以上不同镶嵌方法的正、侧面视图。

4. 三视图临摹与转换练习：临摹书中三视图，并将图 2-2-2、图 3-1-15、图 3-1-32、图 3-1-44、图 3-1-57 转化为三视图的形式。图片标注无须与实物相同，但需是自己认为的最为恰当的尺寸。

5. 首饰设计训练：根据提示设计首饰（以套装为宜），要求配以设计说明与图形表达，图形表达包括透视图与三视图。

（1）以自己最喜爱的动植物为主题，设计具象形态与抽象形态的首饰。

（2）以日用品为主题，设计系列首饰。

（3）以自己喜欢的一个故事为主题，设计套装首饰。

（4）设计表达以下物象：水、风、火。

（5）设计表达以下情绪：喜悦、悲伤、轻松、紧张。

6. 效果图临摹与创作：选择临摹效果图五幅，将第三章第一节课后思考与练习中的 5、6、7 题以及本节课后第 3 题的设计配以有人物或情节的效果图，每套可统一于一张效果图中。

知识链接

1. 郑巨欣《设计学概论》，浙江人民美术出版社，2015 年
2. [日] 原研哉、阿部雅世《为什么设计》，木马文化，2009 年
3. [日] 原研哉《现代设计进行式》，磐筑创意有限公司，2010 年
4. [美] 艾·里斯、[美] 杰克·特劳特《定位》，机械工业出版社，2011 年
5. [英] 伊丽莎白·奥尔弗《首饰设计》，中国纺织出版社，2004 年
6. 任进《首饰设计基础》，中国地质大学出版社，2003 年
7. 滕菲《灵动的符号——首饰设计实验教程》，人民美术出版社，2004 年
8. Dona Z. Meilach. *Art Jewelry Today*，Published by:Schiffer Publishing Ltd.，2003.

第四章 制作工艺

在我们操刀设计之初，就应对材料的特性了如指掌，在选取材料时才能恰到好处，运用自如，尤其在实现过程中更能得心应手，使最终呈现效果尽善尽美。在图纸完成之后，接下来就是实现问题。下面让我们探讨一下首饰的实现——"造"的过程。这是将"精神内容"物化为"实体"的过程。在这一过程中，精湛的工艺上升为一种审美感受，即工艺之美。出色的工艺不仅能使精美的材料锦上添花，还能使普通的材料脱胎换骨。根据材料选择恰当的工艺，做到"因材施艺"，这在首饰设计的实现过程中显得尤为重要。

"工有巧"，对工艺技法的重视并不意味着对"物"进行过分的精雕细琢，工艺不是为了"炫技"。工艺之美只是一个相对概念，正如《论语》记载："质胜文则野，文胜质则史。文质彬彬，然后君子。"[1] 只有在恰当地体现了作品风格、实现了较高的审美价值以及功能需要时，工艺才是美的，而过于强调技术的精巧则可能会使作品成为一种刻意堆砌与炫耀繁复工艺的载体，反而降低作品本身的审美价值。

工艺技法是设计得以实现的手段，也是设计语言和风格的载体。设计师只有熟练掌握并充分理解这些工艺技法，才能做出合理、恰当地选择。只有选择恰到好处的工艺技法，才能将审美风格淋漓尽致地表现出来，尤其对于一些热衷于手工制作的现代首饰设计师而言更是如此。只有深入的理解和足够的熟悉才能使他们在信手拈来时忘却来自技法的困惑与担忧，一心专注于情感的表达，至此，工艺技法的学习无疑就具有了更为深广的意义。

---

1 李泽厚：《论语今读》，安徽文艺出版社，1998，第157页。

第一节 金属加工工艺

一、基础技法

（一）压延

使用压延机制作片材、线材以及肌理效果。压延需在金属退火后进行，且宜循序渐进，不要急于一次成型。（图4-1-1）

（二）剪切

使用剪刀、剪钳或剪裁机等分割材料，使材料形成不同的切口或被分割成不同的部分。剪切时刀刃或冲头撕裂金属片材表面，会使切口边缘留有毛刺或残余物（需要打磨平整）。剪切质量取决于刀刃或冲头间隙、剪切的力度以及速度等因素。（图4-1-2）

（三）锯

使用线锯切割金属至设计要求的规格或形状，它包括金属外边缘的切割和内里的镂空。锯出的图案边缘切面与金属表面呈90°角，因而轮廓显得清晰、肯定。良好的锯工锯出的图案轮廓清晰，线条流畅，边缘整齐。（图4-1-3）

（四）钻孔

机械钻孔技法是使用吊机配以钻头在金属上钻出空洞；手工钻孔技法是用磨尖的錾子或锤子直接在金属薄片上凿孔。机械钻孔技法在现代首饰加工中较为常用。钻孔不仅适用于一些装饰效果的营造，还适用于镂空中的锯前打孔以及起钉镶之类的工艺中。如图4-1-4，这对脚镯的表面图案是用雕刻和钻孔两种技法制成。将表面雕刻并装配成型的脚镯中灌满沥青，待沥青干后用尖的錾子在表面打孔。孔的边缘会顺着凿孔方向略向内卷曲。打孔完成后加热脚镯并使沥青液体顺孔流出即完成。在我国云南等地，工匠们也常使用此种方法实现镂空錾刻，所不同的是，他们多用铅来代替沥青。

（五）退火

金属大多天生具有硬度。硬度是实现金属造型的重要因素，同时，它也可能会阻碍我们改变金属造型。将金属加热至一定温度，使原本因敲打、压延、折弯等操作而变硬、变脆的金属变得柔软，恢复其延展性。各金属熔点不同，因而退

图4-1-1 压延板材、线材

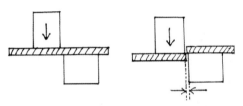

图4-1-2 剪切原理示意图

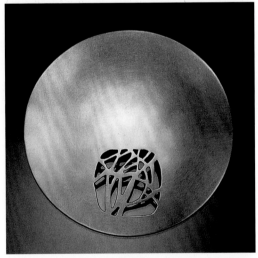

图4-1-3 《扁圆垂饰》，Christy Klug，2004年

图4-1-4 印度脚镯

图 4-1-5　退火

图 4-1-6　焊接

图 4-1-7　锉削过程

火时所需加热的程度也各不相同。（图 4-1-5）

（六）酸洗

在进行焊接、电镀等工序前，需要先将金属工件洗净，以免其表面的污渍、油渍或氧化层、硼砂釉层等影响后续制作的效果。我们通常选择用酸液浸泡法来清洗工件：将金属工件放入稀硫酸溶液中，工件表面的污秽物等与酸液发生化学反应，形成盐类溶于酸溶液中，从而达到清洁工件表面的效果。

（七）焊接

烧熔第三块熔点相对较低的金属（焊料），使其熔化后流入另外两块待焊接的金属之间，待其凝固后，在两块待焊接金属间形成不同硬度的金属带，从而将两块金属固定在一起。将待焊接的两组工件酸洗后，按照预想的效果摆放、固定好，在衔接处涂以焊剂并放置焊料，然后用焊枪整体均匀加热至焊料熔融流至整个接缝，煲矾水后即完成。（图 4-1-6）

（八）熔焊

即熔融焊接，将紧贴在一起的两组金属工件待焊处局部加热到熔化状态，形成溶池，冷却结晶后形成焊缝，即将原本分离的两块金属结合成为一体。其基本方法与焊接类似，但熔焊与焊接最大的不同是焊接中待焊工件本身没有熔化，是第三块熔点较低的金属熔化后使待焊工件产生连接；而熔焊则是将待焊工件自身的焊口处（即衔接处）熔化而使得工件产生连接。首饰加工中的激光焊接就是熔焊中的一种。

（九）锉削

使用锉刀对工件进行修整，使其尺寸、形状、表面粗糙度等都达到预想的效果。锉削的一般次序是从粗挫到细挫渐次更换，多次修整，从而达到预计的效果。锉削包括锉制直曲、去除多余焊料、倒边、锉光表面或制作拉丝肌理等。（图 4-1-7）

（十）打磨

使用砂纸、橡胶砂轮等工具在工件表面来回摩擦，以去除表面划痕等。打磨一般分为手工和机械两种方式。手工方式主要是使用砂纸条对工件表面做打磨处理。机械方式则主要是运用吊机，配以砂纸卷、砂纸尖、砂纸圆片以及各种形状和粗细程度不同的橡胶砂轮对工件表面进行打磨处理。不同方式和工具所适用的范围和所产生的效果有所不同。

（十一）抛光

对工件进行擦光，以提高其表面光亮度或形成某种特殊肌理效果。抛光需在工件表面打磨平整之后进行。抛光一般也分手工和机械两种方式。手工方式主要有：使用细挫或砂纸条来回打磨工件表面，从而使其表面平滑光亮；或使用光亮的钢制抛光刀或玛瑙刀磨压工件表面，从而获得光亮的效果。机械方式有：抛光机抛光、吊机抛光以及滚筒抛光。使用抛光机配以布轮、皮轮等，或使用吊机配以不同材质与粗细的磨头，再附着抛光蜡后，高速旋转以擦拭金属表面，使金属表面磨平磨亮。滚筒抛光是将工件放入滚筒中，加入水和磨料，转动滚筒，使工件与磨料从高到低不断滚落，从而达到抛光效果。抛光完成后需要清洗工件。可用超声波清洗机加入除蜡水去除残留的抛光蜡。清洗后用擦干或吹干等方法干燥工件。根据抛光后效果的不同，可将抛光分为镜面抛光、缎面抛光、磨砂抛光等。

二、基本加工工艺

（一）造型工艺

块、条、线、片、管等是金属材料最基本的形状。块材可以通过倒模工艺获得。块材在压延锤打后可获得相应的条材，也可形成片材。将条材锤打、压延后，再经拉线板拉制可形成相应规格的线材；片材在弯曲后再经拉线板拉制则可形成一定规格的管材。由于块材、条材质量过大，不适合直接使用，所以在金属手工制作中，我们主要讲述金属线材、片材这两种最基本、最常用材料的加工工艺。

1. 线材造型工艺

（1）线材制作

较细的金属条材经压延、锤打以后可获得较粗的金属线材，再经拉线板拉制可由粗变细。拉线板上有不同型号的板眼，还有不同形状的孔型可形成不同横截面形状的金属线。拉线工艺方便灵活，可制作任意所需形状及型号的线材。

（2）线材造型

线材的造型变化大多是在弯曲的基础上进行的。对于一些较细的线材，可以直接用手来完成一些简单造型。但如果线材较粗，或需要更复杂的造型则需要相应工具的配合来完成。例如，使用钳与其他工具配合，能制作出各种丰富的线材造型。

螺旋

螺旋有着生长、扩展、循环等含义，其造型在首饰制作中曾被广泛使用。从造型上分，常见的螺旋造型有平面、锥形和柱形三种。图 4-1-8 的臂环为平面螺旋造型。

①平面螺旋造型：将线材在圆嘴钳的一端缠绕成型，取出后再用平嘴钳夹扁缠绕的线材，而后将中心端穿过一块中间有孔的平板，用台钳将中间的线端固定，盘紧线材，即可获得平面螺旋造型。（图 4-1-9）

②锥形螺旋造型：将盘结好的平面螺旋造型提

图 4-1-8　臂环，欧洲，约公元前 13 年

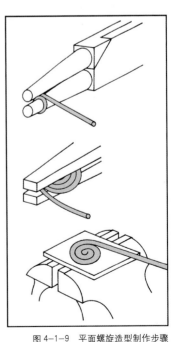

图 4-1-9　平面螺旋造型制作步骤

图 4-1-10 耳环，Reiko Ishiyama，2003 年

图 4-1-11 眼镜蛇形耳环，银，印度

图 4-1-12 《花鼓夜》耳环，银、碧玺，喻珊，2014 年

拉或推挤中心端口，可获得锥形螺旋造型。（图4-1-10）

③柱形螺旋造型：首先根据柱形螺旋造型直径的需要选择相应尺寸的管材，然后将其固定于台钳上，再将金属线围管材均匀缠绕，抽取管材，即可获得柱形螺旋造型。（图4-1-11）

花丝

花丝又称累丝、金银细工工艺。它是一项古老的金银加工工艺，可营造丰富细腻且精致的装饰效果。其线材通常为纯银丝或K数很高的金丝。其过程一般是先将制作过肌理的扁平金属细丝作盘曲、掐花、填丝、堆垒等造型，再填入预先做好的框架造型中，而后焊接固定而成。

花丝的整体造型主要有两类：一类是有金属"底板"的较为平面的造型；另一类是不设"底板"的，由金属丝独立盘结而成的三维立体造型。线材在造型中按作用的不同可划分为框架线和填充线（图案线）。框架线用于搭建基础框架，而填充线则用于局部图案的制作和填充。所用线的粗细取决于作品预先设计的效果。通常而言，框架线的粗细是填充线的2至4倍。填充线的形状有方形、圆形、多股缠绕的线及编辫的线等。为使盘丝更为紧密、整齐，通常会将线材压扁，以供盘结。由于传统的花丝工艺所使用的金属丝的纯度较高，通常无须电镀。为了增强首饰的装饰效果，有些作品也会在完成盘丝的金属上施以珐琅、树脂等其他材料，从而使作品的表现语言更加丰富。

图4-1-12《花鼓夜》耳环是花丝工艺与铸造工艺相结合的范例。作品将花丝部分与铸造部分（含镶口）分开制作，再用焊接的方法将其连接组合在一起。作品在精致、细腻的花丝中加入宝石镶嵌，使作品于洁净素雅中平添了几分生气，更觉秀雅文静。

2. 片材造型工艺

（1）片材制作

手工制作的片材通常是由薄的块材压延或锤打而成。在现代首饰工艺中，通常使用压延工艺来获得理想厚度的片材：将退火后的块材经由压延机的光面压滚（多次压延），适时退火，再渐次减小两滚之间的距离，则可获得理想厚度的片材。相对于锤打工艺而言，压延的方法更为快捷，片材更符合规格，厚薄也更均匀。

（2）片材造型

弯曲技术

①成角弯曲：将平直的金属片从某处沿直线折成一定角度。基本方法是将金属片放于砧铁的直角边沿，或将金属片固定在有光滑钳口的台钳上，使弯曲处沿直线与砧铁或钳口的直角边相切、重合，再用木锤或硬胶锤捶打金属片，直至获得理想的角度。（图4-1-13、图4-1-14）

②表面连续弯曲：将金属片材置于圆形戒指铁、椭圆形厄铁上，或置于砧铁的嘴部，用木锤或硬胶锤捶打，不断转换金属片的角度，从而获得理想的连续弯度的形状。对于某些较小型工件，可以先用圆嘴钳折弯，然后配合台面工具进行操作。（图4-1-15）

扭绞

连续扭转长条状的金属片材，可以获得螺纹般的装饰效果。扭绞的基本方法是将待扭绞的金属片的一端固定在台钳上，然后用夹钳夹住另一端，顺时针或逆时针向同一方向旋转，即可获得相应的造型。（图4-1-16）

凹凸技术

经过敲打、压延等工艺，使金属片产生高低不平的凹陷和凸起，从而获得相应的造型或表面肌理效果。凹凸技术可用窝錾和窝灶相配合加工而成，也可以利用不同的锤子（造型锤、轧光锤、锻锤、圆顶锤、窄顶锤等）和砧子（"T"形砧、半舌砧、凹形砧、槽形砧、半球形砧等）造型，以获得凹凸的效果。除此，还可利用机械压印来获得凹凸效果。（图4-1-17）

制作管材

手工加工的金属管材通常是由长条形的金属片卷曲焊接而成。金属片的宽度一般为预拉制管材直径的三倍。先将金属片的一端剪成尖口，以便穿过板眼拉制，再将退火后的金属片置于砧木或砧铁凹槽上锤弯，而后将其尖口穿过拉线板上相应大小的板眼，用钳子夹紧尖口施以拉力，将弯曲的金属片逐渐拉卷，以至

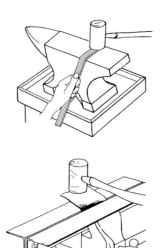

图4-1-13　《三合一戒指》，玛瑙、黄铁矿、银，Ludmila Sikolova，1996年

图4-1-14　成角弯曲加工

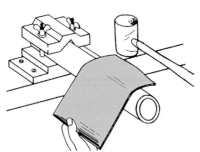

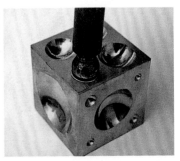

图4-1-15　表面连续弯曲加工

图4-1-16　白族扭丝银手镯

图4-1-17　使用窝錾和窝灶使金属片获得半球形的凹凸效果

形成完整的金属管。若管材较粗，不能直接用拉线板拉制，可将金属片置于砧木或砧铁凹槽上锤弯，以至闭合成管，具体方法参见柱体侧面的制作。管缝需用高温焊药焊接。

（3）基本几何造型

柱体

剪裁出相应大小的矩形金属片作为柱体的侧面，将其退火后放置于坑铁的相应位置，于其上压放木质或铁质实心柱状工具，用锤敲打柱状工具，从而使矩形金属片卷曲。改换成更小坑铁凹槽并不断转动矩形金属片，可加大金属

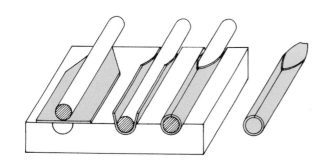

图4-1-18　敲打圆柱体的侧面

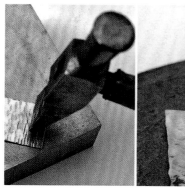

图4-1-19　锻打工艺需要根据预期的肌理效果选择相应形状的锤子

图4-1-20　《动与静》手镯，纯银，Tomoyo Hiraiwa，2004年

片的弯曲度，最终使金属片材闭合成为圆柱形（图4-1-18）。再剪裁出柱体的上下底面，将侧面与两底面组合并焊接，从而获得圆柱体。若想得到棱柱体侧面，则可用胶锤配合台钳，利用成角弯曲方法敲打，即可获得有转折的棱柱体侧面。

锥体

先用圆口钳将切割下的金属扇形板扳弯至所需造型，合拢两端并进行焊接；之后敲打整理，再将底边切割整齐；最后把剪裁好的底面与侧面相组合，焊接固定即成。

半球形和球形

将剪裁好的金属圆片放于相应尺寸的窝灶上，配合相应大小的窝錾捶打，以获得半球形。将两个相同尺寸的半球形焊接在一起，即可获得一个圆球。

（二）装饰工艺

严格意义上的"装饰"是区别于"造型"的，但此处所列举的一些装饰工艺本身也是造型工艺。金属表面装饰工艺可以起到保护和美化金属外表的作用。若按装饰效果分，可将装饰工艺分为表面肌理工艺、镶嵌工艺、表面着色工艺、电镀工艺；按处理所使用技术方式分，又可分为冷加工和热加工两种。其中，锻打、压印、雕刻、錾花、酸蚀、抛光、做旧等工艺为冷加工装饰工艺，而褶皱、木纹金、粒化、花丝、珐琅、电镀等工艺则为热加工装饰工艺。

1.表面肌理工艺

（1）锻打

使用铁锤直接敲打金属，以获得肌理效果。将退火、打磨、抛光后的金属板置于光滑的钢板上，使用相应锤口形状（尤其一些非平面锤口）的锤子直接在金属板上敲击，会使金属表面留下清晰的凿痕，从而获得相应的肌理效果（图4-1-19）。锻打所制作的肌理单元形状相似却又不完全相同，有种类似重复排列的秩序感。锻打运用了金属的延展性，在敲击肌理的同时也使金属变宽、变长、变薄，为避免金属破裂，要适时退火。图4-1-20《动与静》手镯，上部翻转的如盛开的鲜花般娇嫩的花瓣造型，是采用锻打方式制作出的条状褶皱。同种材料，不同肌理，上部的柔软起伏与下部的硬朗劲挺形成一动一静的明显对比，很好地诠释了主题。

图 4-1-21 列举了一些锻打的肌理效果,各种不同形状锤口的锤子决定了这些肌理的不同面貌。除选用现成的工具外,有时还需要通过自制工具来获得独特的肌理效果。

（2）压印

利用压延机压延金属,以获得肌理效果。前面讲过,在退火后的两片金属中放入金属丝等,或将退火后的金属片与已有肌理或图案的金属片重叠并置,经压延机压印,可使预制金属片材获得相应的凹凸肌理或图案。由于金属片形成肌理部分会变薄,因而此方式宜使用较厚的金属片材制作。

（3）雕刻

使用雕刻刀在金属表面刻制肌理或图案纹样。雕刻的金属线条挺拔、流畅,图案纹样清晰明确、层次变化丰富。雕刻中因使用的工具不同,运刀的力度、角度和速度的变化,会使作品中的图案、肌理显得灵动、随意,具有很强的情感表现性。图 4-1-22 为《危

险雨林》项坠银版,其蛇头及蛇身的纹理均由手工雕刻而成,线条排列疏密有致、清晰流畅、干净利落,十分精彩。雕刻除了可以手工进行以外,也可运用雕刻机进行机械加工。

（4）錾花

利用錾子錾刻图案或肌理的工艺。将退火后的金属板固定于錾花胶上,用錾子按金属板上拓印的图案逐一錾刻,再将錾花胶加热取下金属板,清除残留胶体,即告完成。这种工艺较适于表现一些结构清晰、起伏明显、转折圆润的图案或肌理效果。（图 4-1-23）

（5）酸蚀

将金属浸泡于酸液中,其表面会被酸液"咬掉"（腐蚀）,时间越长,腐蚀的程度越深。利用这一原理,可为金属表面制作图案或肌理。首先使用防腐材料制版。将预作凹陷效果的图案或肌理部分裸露,而把其余部分用防腐材料盖住,再将该金属放入酸液中,

图 4-1-21 各种锻打的肌理效果

图 4-1-22 《危险雨林》项坠银版,无双,2005 年

图 4-1-23 錾花配件,银,民间收藏

图 4-1-24 《什锦胸针》，标准银、18K 金，Jan Yager，1988 年

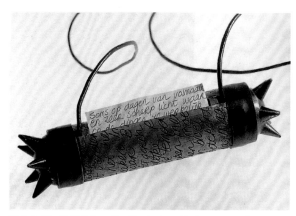

图 4-1-25 《诗歌筒》，铜、纸，Ingeborg Vandamme，1995 年

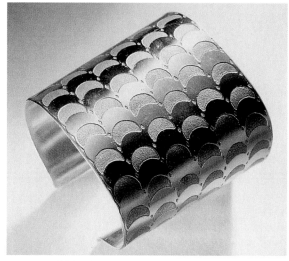

图 4-1-26 《许多月亮》，Helene Safire，2004 年

金属裸露部分表面被酸液腐蚀，其他部分因防腐层的保护而保持原状，从而形成有凹凸效果的图案或肌理，这就是酸蚀工艺。（图 4-1-24）

酸蚀工艺可分为"开放式"和"闭合式"两种。"开放式"蚀刻是大面积的金属裸露于酸液中，金属被蚀出很深的凹槽甚至被蚀穿，这样的效果适于填充珐琅或镶嵌其他金属；"闭合式"蚀刻则刚好相反，它仅将刻出的细线裸露于酸液中，因而只有较少的金属表面被腐蚀。酸蚀工艺的具体操作方法有很多，本书只列举两种较为典型的制作方法：直接制版蚀刻法和感光制版蚀刻法。

直接制版蚀刻法

是将抗腐蚀材料按照设计的效果直接绘涂于金属表面，以备蚀刻制版的方法。由于这种方法多为手工绘涂，因此较为灵活自由。此外，还可利用防腐软蜡压制植物叶片、织物等形成特殊肌理效果，以备腐蚀制版。用于直接制版蚀刻法的抗腐蚀材料包括沥青、软蜡、制版红粉（适宜于小面积的绘制或增补）等。"开放式"蚀刻的直接制版是将这些抗腐蚀材料按设计的图样直接绘涂于金属表面。而"封闭式"蚀刻的直接制版是将抗腐蚀材料完全涂布于金属表面，待干后按设计效果刻掉预制部分的防腐层。图 4-1-25《诗歌筒》，筒身文字部分便是由"封闭式"直接制版蚀刻法制作而成。

感光制版蚀刻法

感光溶液中的重铬酸钾受光后会使溶液中的明胶变硬且不溶于水。利用这种特性，将感光溶液（红色重铬酸钾＋明胶＋蒸馏水）涂布于金属板上，用复印有图案的胶片遮挡涂布层。强光照射下，无图案的地方因强光照射而使涂布层变硬并牢牢附着于金属板上，从而形成"保护伞"，使金属在腐蚀中不被"咬去"。多次重复此步骤还可获得图像叠加的效果。感光制版蚀刻法更适于平面、开阔的金属板表层肌理和图案的制作。与直接制版蚀刻法相比，感光制版蚀刻法缺少一些手工味儿和偶然性。这种方法更适宜于制作某些影像，以及重复、对称或较为复杂的图案。（图 4-1-26）

（6）褶皱

运用烧皱法使金属表面获得如衣褶或波浪般起伏的肌理效果。金属片的一面被加热时，另一面因传热而逐渐变软，持续加热，直至加热面熔化后，再冷却。因为受热不均，金属片两面在冷却过程中也不同步，所以表面会产生褶皱。不需要有褶皱的表面可在加热前预先涂布赭土层。图4-1-27便是用褶皱工艺制作的戒指。

（7）粒化

亦称金珠粒工艺。将小块金属或金属线酸洗后剪成小段，涂蘸硼砂焊剂后置于木炭上，用慢火吹熔，撤去火焰，待其凝结成单独的珠粒。冷却洗净后，运用熔融工艺将金属小珠粒固定在已完成基础造型的金属表面，形成特殊的装饰效果。因熔融工艺不适用焊料，所以珠粒仅有一个点与金属基片相连，故显得更加干净利落。粒化效果能增加作品的层次感和装饰性。

（8）花丝（见第70页）

2. 镶嵌工艺

镶嵌工艺就是将不同色彩、质地的金属或非金属材料，运用镶、锉、錾、掐、焊等方法使之与工件主体材料嵌合，从而形成丰富的装饰效果。根据嵌入材料的不同，可分为金属镶嵌与非金属镶嵌。

（1）金属镶嵌

从第三章的学习中我们知道，不同金属在色彩、质感等外观上呈现出不同的特征。若想得到更为丰富的表面效果，可将两种以上金属材料结合在一起，从而达到装饰的目的。典型的金属镶嵌工艺有错金、木纹金等。

错金

错金工艺是将金属线、条嵌入预制的另一种主体金属的切口或凹槽中，从而获得一种特殊的装饰效果。首先，使用铲刀在主体金属表面沿设计图案轮廓线刻制倒梯形凹槽，再将不同材料的金属线、条退火并嵌入其中，之后于嵌入的线、条上面放置一平而厚的金属板（或木板），用重锤敲击，使金属线、条牢牢嵌入凹槽之中。金属板也可用平头錾子代替。用平头錾子压于镶嵌的金属线、条上，用锤敲击錾子，从而使金属线、条牢牢嵌入。之后，用平口刀将个别突出的地方铲平，最后打磨、抛光表面即可。

木纹金

木纹金是起源于日本的一项古老的金工工艺。它是将不同材质和颜色的金属片叠加并熔焊或焊接在一起，再经过敲花、钻孔、扭转、腐蚀等工艺将金属表面做成类似木纹状的肌理效果（图4-1-28）。制作的金属可以是金银等贵金属，也可以是铜、镍银等普通金属。方法是先按需要的规格将不同颜色和材质的金属片剪裁成大小相同的尺寸，退火、洗净、打磨后，将金属片按照一定的颜色顺序叠加，再通过熔焊或焊接的方法使其层层相连。之后，使用压延机压延或手工敲打，使金属合金变薄，而后再切片，再熔焊或焊接，再压延或敲打，多次重复之前的操作，直至完成合金的制作。金属片数越多、越薄，形成的木纹越细密丰富。最后，是纹样的形成，主要有以下几种方式。

敲花：在制成的合金背后用錾子敲打，使正面形成隆起，用锉刀将正面锉平，从而显出纹样。

钻孔：在制成的合金正面用钻孔方式钻出图样，再敲薄或压薄合金片，以获得纹样效果。

扭转：将合金制成棒状，退火后一边加热一边扭转，从而形成纹样。

腐蚀：采用酸蚀的方法使合金表面形成凹陷，且

图4-1-27　"Transport"戒指, 石榴石、18K黄金,
Paulette Myers

图4-1-28　《蜗牛慢吞吞》, 银、铜, 王印, 2017年

需露出底片层,再敲薄或压薄合金片,以获得纹样效果。

（2）非金属镶嵌

将木、骨、塑料、树脂、玻璃、宝石等非金属材料嵌入金属主体材料之中,从而达到装饰的目的。具体包括胶合、树脂黏合、针栓、铆合以及利用周边金属挤压固定等多种镶嵌方式。在这些镶嵌工艺中,有一种非常典型的镶嵌工艺——宝石镶嵌。

宝石镶嵌既要充分体现宝石自身所独具的美,又要关照整体的设计效果。镶嵌方法的选取,要考虑宝石的材质特征、折光效果以及形状、大小、数量和首饰的整体设计需要。当然,保证宝石的完好和牢固是不可忽视的前提。以下介绍一些较为典型的宝石镶嵌工艺。其中,随形缠绕镶、齿镶、包镶、光圈镶、底镶、插镶较为适合单粒宝石的呈现;槽镶、钉镶、微镶、虎爪镶、蜡镶则更适合组合排列的群镶。

随形缠绕镶

使用线材随宝石形状缠绕,从而起到固定宝石和装饰美化的作用。随形缠绕镶既适用于各种非标准琢型、随意形宝石,也适用于对称规则形宝石,具有较高的灵活性,但也需要较高的技巧。图4-1-29的蛋形孔雀石项坠是对称形状随形缠绕镶的例子。在随形缠绕镶的设计中,要重点考虑金属造型与宝石如何自然且巧妙地融为一体。线是为固定宝石并要突出宝石之美,是缠绕,不是裹束、捆绑。图4-1-30列举了一些宝石随形缠绕镶的较为典型的造型方式。

齿镶

是用金属齿嵌紧宝石的方法。齿镶对宝石的遮盖最少,能够最大限度地突出宝石的色彩和光泽。齿镶款式的首饰显得灵动活泼、典雅秀气。齿镶又可分为爪镶和直齿镶。爪镶是传统的齿镶镶嵌方法,它是将金属齿向宝石方向弯曲而"抓紧"宝石（图4-1-31）；直齿镶是现代的齿镶镶嵌方法,是将金属齿保持直立,并在镶齿内侧车出一个凹槽卡位,将宝石卡住（图4-1-32）。爪镶适用于各种刻面形宝石以及

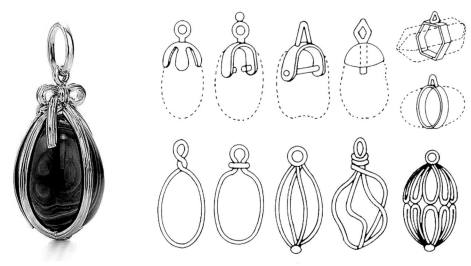

图4-1-29 蒂芙尼蛋形孔雀石项坠　　图4-1-30 宝石的随形缠绕镶举例

图4-1-31 蒂芙尼六爪皇冠镶戒指及爪镶结构图

图4-1-32 "Overlap Rings",橄榄石、镁铝石榴石、钻石、粉蓝宝、18K黄金,Julia Behrends,2004年

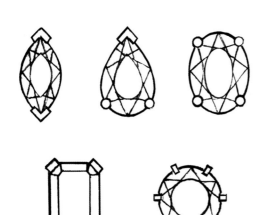

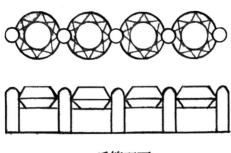

图 4-1-33 爪镶举例（单粒宝石）

一爪管双石

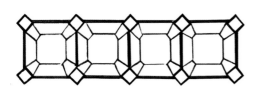

一爪管双石、一爪管四石

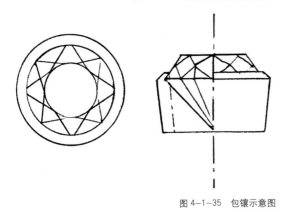

四爪管一石（方爪）

图 4-1-34 爪镶举例（多粒宝石）

图 4-1-35 包镶示意图

弧面形、随意形宝石的镶嵌，而直齿镶则更多适用于圆形、椭圆形等刻面宝石的镶嵌。图 4-1-33 和 4-1-34 分别列举了单粒宝石爪镶和多粒宝石爪镶的一些典型款式。

包镶

用金属包边嵌紧宝石的镶嵌方法。宝石的周围金属部分俗称"石碗"，把宝石放入金属石碗内，再将四周的包边压向宝石，从而使之牢固（图 4-1-35）。根据金属边包裹住宝石的范围大小，又可分为全包镶、半包镶、齿包镶，图 4-1-36 蓝宝石胸针的主石即采用了半包镶效果。包镶镶嵌宝石比较牢固，适合于颗粒较大、价格昂贵、色彩艳丽的宝石镶嵌。一些大颗粒的拱面宝石，用齿镶不易扣牢，且其长爪又会影响宝石的整体美观，因而选择包镶较为适宜。但因金属边的包裹，使得透入宝石的光线相对于齿镶要少，而且宝石显露的面积也会相对减少，因此包镶不利于较透明、欲突出火彩，以及颗粒较小的宝石镶嵌。图 4-1-37 列举了一些典型的包镶效果。

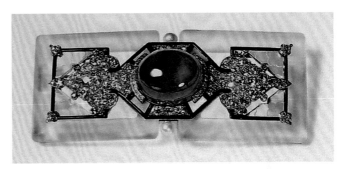

图 4-1-36 蓝宝石胸针，蓝宝石、磨砂水晶、珍珠、珍珠母、黑色珐琅、铂金、金，卡地亚，1924 年

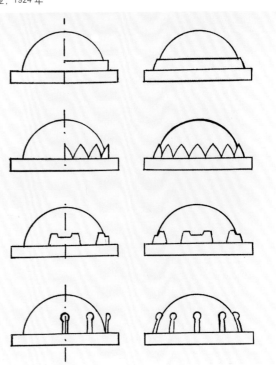

图 4-1-37 几种典型的包镶效果

77

图 4-1-38　戒指（星星系列），铂金、钻石，蒂芙尼，采用光圈镶工艺

图 4-1-39　底镶示意图

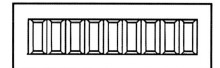

图 4-1-40　槽镶示意图

图 4-1-41　花束胸针，红宝石、钻石、铂金，梵克雅宝，1937 年

光圈镶

亦称闷镶、抹镶、意大利镶。将宝石陷入金属石碗内，再把包裹的金属边缘嵌紧，宝石外围有一圈下陷的金属环边，光照下犹如一个光圈，故名光圈镶（图 4-1-38）。光圈镶与包镶相比，没有包镶那样突出可见的金属边。如果在光圈镶的金属环边上手工雕出几枚小齿来镶住宝石，可使宝石更为牢固，这种光圈镶又称为齿光圈镶。光圈镶由于金属光环的特殊效果，会让人在视觉上产生宝石增大的错觉，也增加了首饰的装饰性。光圈镶多用于镶嵌颗粒较小的宝石。

底镶

宝石从底部放入，固定的爪在石头下面托住宝石，这种工艺主要用于不透明宝石的镶嵌。除形状规则的宝石外，底镶还适合于异形宝石的镶嵌（图 4-1-39）。

插镶

主要用于珍珠的镶嵌。在碟形的金属石碗中间设有一金属托针，将其插入钻孔的珍珠中，加以胶水将珍珠固定。插镶对珍珠无任何遮挡，可完全凸显出珍珠的美观。本书中图 2-2-12 至图 2-2-15 的作品均采用插镶工艺制作。

槽镶

槽镶又称轨道镶、夹镶、逼镶、迫镶，是用金属卡槽卡住宝石腰棱两端的镶嵌方法（图 4-1-40）。它适用于颗粒较小的圆形、方形、长方形、梯形等形状宝石的镶嵌。槽镶首饰线条流畅，整洁美观，整体外观简洁明快。图 4-1-41 花束胸针的钻石花叶部分就采用了槽镶工艺。槽镶对宝石质量的要求比较高，一方面应保证宝石的直径、高低、腰高基本一致，这样才能保证槽镶的线条整齐均匀；另一方面是宝石的颜色、净度应基本相同（或颜色呈有规律变化），这样才能保证首饰整体的一致性。

钉镶

是利用宝石边上的金属小钉将宝石固定在首饰托架上的镶嵌方法。钉镶的宝石横竖都成行排列，这种排法间隙稍大，但行列整齐。钉镶按照钉位排列的位置，可

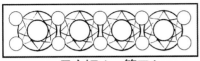

日字钉（一管二）

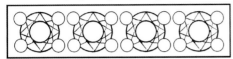

四钉镶（四管一）

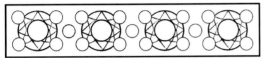

梅花钉

图 4-1-42 钉镶款式举例

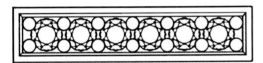

有边钉镶

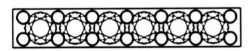

无边钉镶

图 4-1-43 有边钉镶和无边钉镶示意图

图 4-1-44 《静夜中海的微语》项坠，托帕石、锆石、标准银，喻珊，2009 年

分为日字钉、四钉镶、梅花钉等（图 4-1-42）。钉有方圆之分。方钉的线条排列更为整齐，在偏直线造型的首饰上效果更佳。如果按照钉镶边的宽窄，又可分为有边钉镶和无边钉镶（图 4-1-43）。

微镶

又称为微钉镶，是一种见石不见钉的特殊钉镶工艺。其技术与钉镶相似，都是用镶钉固定细小宝石。但微镶的钉比钉镶的小许多，通常需要借助放大镜来辅助完成。微镶宝石间的镶嵌很紧密，故不显金属，似全由宝石平铺而成，有一种悬空的感觉，能极好地体现宝石的光彩。微镶比钉镶更精美，但其技术含量较高，相对复杂，需辅以相关微镶设备来完成。图 4-1-44《静夜中海的微语》项坠的白色配石部分就采用了微镶。微镶按照起钉先后的差别，又可分为钉版镶和起钉镶两类。钉版镶的首饰托架在起版、铸造阶段就已开好了孔位和钉胚，镶嵌时只需落石、压钉、顶珠即可完成；起钉镶则是在没有钉胚的首饰托架上落石再起钉、压钉加以固定的。如果首饰托架在起版时未开孔位，则需在落石前首先根据托架表面的宽度、厚度以及宝石大小、数量来排列宝石位置，标注后钻孔以开孔位，然后再落石、起钉、压钉固定。固定后，同样需要顶珠，以使钉位光滑、饱满，让宝石富有质感。相比较而言，钉版镶在落石前因难以车底，导致底金不光滑，因而反光度差；而起钉镶周围并无胚钉阻挡，便于车底，因而底金光滑，反光度高，镶石效果更佳。但也因为工序复杂，操作难度较高，使得起钉镶成本较高，因而更多用于高级定制，尤其是在金货加工中多有应用。

虎爪镶

又称虎口镶。其爪为方形，与丝带边缘齐平，因此也是丝带宽度最小的一种群镶镶法。虎爪镶也有爪管单石和爪管双石之分。图 4-1-45 为爪管单石。

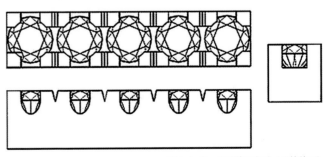

图 4-1-45 虎爪镶示意图（爪管单石）

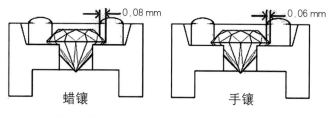

图 4-1-46　蜡镶与手镶镶口对比

蜡镶

唯一一种在蜡模阶段进行的镶嵌工艺，即在蜡模进行烘焙蒸发之前镶嵌宝石。蜡镶适于耐热宝石。这种工艺降低了镶嵌的难度，并节省了镶嵌时间。由于蜡模容易在铸造过程中收缩，因而有时会导致蜡模开裂、宝石脱落等现象发生。因此，在操作中需要特殊的技术以及辅助材料的支持才能提高铸后的完好率。我们将其他非蜡镶的镶石工艺称为手镶。蜡镶与手镶最大的区别在于：蜡镶钉吃入宝石更多。（图 4-1-46）

需要说明的是，在同一宝石或同组宝石的镶嵌中往往汇集了不同的镶嵌工艺，例如，在主石镶嵌中既有齿镶又有包镶，或者在群镶中可能出现齿钉镶与槽镶的组合等。组合镶使得镶嵌形式变化多端，颇有取众家所长之意。

3. 表面着色工艺

金属表面着色工艺可起到装饰的作用，同时也能改变某些金属表面易被氧化的特性，对其起到防护作用。

（1）做旧

利用化学浸泡法使金属表面获得古旧的效果。这些工艺较多使用于银首饰和铜首饰的装饰制作中，偶尔也用于金首饰的制作。做旧过的首饰会有一种岁月沧桑感。局部做旧可增加首饰的层次感，使表现语言更加丰富。

使用硫化钾溶液做旧：主要用于银和铜的做旧。做旧过的金属工件表面呈蓝黑色。用硫化钾溶液煮沸工件，待工件表面出现蓝黑色后取出，洗净并烘干，而后抛光打磨，使凸出部分变得光亮，与凹陷部分的蓝黑色形成对比。

使用二氧化碲与盐酸溶液将金属表面做旧：主要用于银、铜、金以及合金的做旧。用二氧化碲做旧的金属表面呈黑色。先将二氧化碲兑入盐酸中，之后用水稀释，再加热溶液，放入工件，或直接将溶液刷于工件表面，待工件变黑后取出，洗净并烘干，而后抛光打磨，使凸出部分变得光亮，与凹陷部分的黑色形成对比。

使用碘酒、三氧化二锑做旧：碘酒主要用于金质工件的处理，通过擦拭，使工件表面呈蓝黑色；而三氧化二锑主要用于黄铜或镍银工件的表面处理，方法与使用碘酒的步骤相似。

使用醋和氨水溶液做旧：主要用于铜质工件的做旧。做旧过的金属工件表面呈铜绿色。一般是将锯木屑或烟草丝装入有盖的塑料密封容器内，将氨水与醋按 4：1 的比例混合后倒入，使锯木屑或烟草丝浸湿透，再放入工件。之后用浸湿的锯木屑或烟草粒盖住工件，密闭容器，待 24 小时后取出工件并待其自然风干，而后抛光打磨，使凸出部分变得光亮，与凹陷部分的铜绿色形成对比。

（2）电镀

利用电解原理在金属表面增加一层金属或合金材料，从而增加金属表面的光洁度或改变金属的颜色，同时提高金属的防腐蚀、抗氧化和耐磨性能。电镀层的结构从内到外一般为打底层（碱铜）—光亮层（酸铜）—封闭层（镍或钯）—表面层（金、银、铑等）—封闭层（保护剂等）。

按照表面镀层的材质可将电镀分为贵金属镀色（金、银、铑、钯等）和一般金属镀色（镍、无镍锡钴、锡、铜等）。按照工艺的复杂程度可将电镀分为一般镀色（白金、金、钯、银、仿白金、黑枪、无镍锡钴等）和特殊镀色（仿古镀色、分色电镀等）。电镀效果主要由表面层的材质以及加工工艺决定。以下介绍几种较为常用的电镀工艺及其相应效果。

镀金：金是化学性质稳定的贵金属，它具有很好的抗腐蚀性能。镀金工艺常用于金饰品或仿金饰品的表面处理。K 金首饰一般在基材表面直接镀金，或先电镀金—钴合金层，再套镀纯金层；而仿金首饰一般是先电镀镍层，再套镀金。

镀铑：又称"电白""电白金"。铑也是贵金属的一种，其颜色洁白，性质稳定，硬度高，耐磨性能好，保色期长，是最为常用的表面电镀色之一。铑是银饰和白金首饰电镀的常用材料。925 银饰在表面层电镀铑，不仅有仿白金首饰的效果，还能提高银的抗氧化性，使饰品更持久地保持亮丽如新的效果。

镀银：与镀铑的"白色"相比，镀银的"白色"会更白一些。如果说镀铑的"白色"偏冷、偏暗，那么镀银的"白色"则更暖、更亮。但银容易氧化，因此镀银表层需在电镀以后立即做镀后处理，形成封闭层以保护表面层。尽管如此，镀银的抗氧化性依旧不及镀铑强。

仿古电镀：随着时间的流逝，首饰表面的色

泽会变得深沉、浑厚并富有陈旧感。仿古电镀是运用电镀工艺来模仿此效果的一种表面处理技术。电镀工艺得到的古旧效果的光泽度更强。如果说化学溶液做旧是一种原生、古拙之美，那么仿古电镀就是一种精致、细腻之美。仿古电镀包括青古铜电镀、红古铜电镀、钴镍电镀等。（图4-1-47）

（3）珐琅

在铜质或银质器物表面涂以珐琅釉料，经过烧制，形成不同颜色的釉质表层的装饰工艺。釉料是以铅丹、硼砂、长石、石英等矿物原料按照适当比例混合，再根据需要加入各种成色的金属氧化物，经焙烧、研磨，制成粉末状的彩料。珐琅色彩绚丽，具有玻璃般的光泽和质感，其表面坚硬耐磨，防水耐腐蚀（图4-1-48）。 珐琅的种类很多，包括掐丝珐琅（景泰蓝）、錾胎珐琅、锤胎珐琅等。

三、生产加工流程

现代首饰产业要求生产的高效率和产品的可复制性。在首饰生产加工中，失蜡铸造最适合现代首饰行业的这种要求，因而成为现代首饰行业的主要生产工艺。首饰生产加工的整个流程也围绕失蜡铸造工艺展开。

（一）起版

设计部生成产品设计单（图4-1-49），交由版部起版。起版环节主要包括蜡版制作、银版制作和蜡模制作三个主要阶段。其中，蜡版制作可由手工雕蜡和电绘及喷蜡两种方式来完成。而后将蜡版进行倒模以获得银版。倒模得到的银版要经过执版并校石位后才算完成。将银版压制胶膜，

以便复制蜡样。压制胶膜是起版工序的最后一个环节。

1. 蜡版制作

（1）手工雕蜡

手工雕蜡制版速度快，过程相对自由，容易修改，但制作爪钉、镶口等就比较困难。手雕蜡版所使用的铸造用蜡有不同的蜡质特性和造型，可以通过蜡的颜色加以区分，使用时可根据设计需要来选择。

对于特殊的软质蜡，可以用手直接捏、卷、拉、压、扭绞、旋转、编织等，以获得预期的造型。这种手工操作成型方式随意性强，但难以制作一些精度较高的造型。首饰行业中多用深绿色硬蜡做手工雕版。硬蜡不易变形，易于雕琢，借助工具设备，可获得较为精细的效果，是理想的造型材料。硬蜡的机械加工主要有剪切、钻孔、雕刻、锉屑、打磨、制作肌理等方法。

图4-1-47 《危险雨林》项坠，银、锆石、黑尖晶，仿古电镀，无双，2015年　　图4-1-48 珐琅扳指，个人收藏

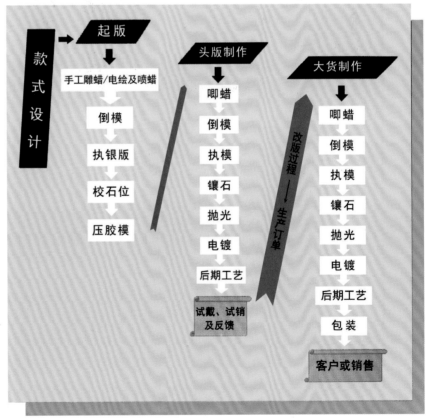

图4-1-49 现代首饰产业加工流程图

手雕蜡版的铸模制作基本工艺流程包括：

①根据设计作品的造型和尺寸选择相应的蜡料，蜡料尺寸要比蜡版成品略大。

②在所开蜡料上用直尺、圆规等工具画出蜡模的外轮廓线，锯下多余部分，再用大板锉修整表面。

③在粗胚基础上画出内部结构线，用雕刻刀以及各种蜡用机针配合吊机完成蜡模内部结构的制作。注意，蜡模尺寸要比图样大 3%，以备执模锉损和倒模缩水。

④用球针、牙针等配合吊机捞底，或直接用捞底刀捞底，去除蜡模内部或背部多余蜡料，以减轻工件重量。如需镶嵌宝石，可用相应机针根据宝石形状和大小钻孔，如宝石较大，则需在捞底之前调整各部位尺寸，检查并调整蜡模重量。

（2）电绘及喷蜡

根据平面图样，用 JewelCAD、Rhino 等 3D 软件在电脑上绘图并生成三维立体数据，电脑连接喷蜡机，喷蜡机根据所传输的数据喷出蜡版，再经手工修整后即可用于铸造银版。电绘及喷蜡比传统的手工雕蜡制版更高效，精确度更高，尤其在制作槽镶等镶口方面，更加方便、精确。但它不及手工雕蜡灵活自由，并且在硬件、软件等方面均有一定的要求。

2．银版制作

通常分为倒模、执版和校石位三个步骤。采用失蜡铸造工艺将蜡版制成银版，即行业中所说的"倒模"工艺。具体方法是将蜡模按一定排列方式种成蜡树，后放入钢制套筒中，灌注抽真空处理后的铸粉浆，抽真空后静止，脱蜡烘模，以制作出耐热型腔；熔炼并浇铸金属液入耐热型腔中，冷却、炸洗后取出铸件，洗净并从树形毛坯上分剪出来，即可获得银版。铸造获得的银版需要经过执模工序（对银版执模称为执版）。执版比执模的要求更精细、准确，因为银版的质量直接决定了后续生产的效果。含有镶石位的银版还需在执版完成后检查并调校石位，使之与待镶宝石完全吻合。校完石位后，焊接水口线，以预留倒模中金属液流动的通道。

3．胶模制作

用硫化机压制胶膜：将银版用生硅胶包围，放入铝合金框中，经加温加压产生硫化，压制成硅胶模；之后用锋利的刀片按一定顺序割开胶模，取出银版，得到中空的胶模，以备注蜡（唧蜡）之用。

（二）头版制作

新款开发中，通常会按照设计计划预先制作几件货品，用于试戴或试售，我们称其为头版。通过头版的制作可能会发现设计中考虑不周的生产加工问题。也可通过头版的试戴或试售，对设计提出反馈。综合这些问题，对原有的设计进行修改、调整，使之更为成熟，避免在大货制作中出现返工，是规避商业风险的一个有效手段。

1．唧蜡

运用注蜡机注蜡（唧蜡），并按需要对蜡模进行修整。

2．倒模

同银版制作中的倒模。

3．执模

由于铸造过程易导致铸模缩水变形，铸模表面也可能会出现砂眼、凹陷、断裂等问题，因而需要通过执模工艺对铸模进行校正和修补，为后续的镶嵌、抛光等工序打下基础。执模是首饰制作中承上启下的关键一环。

执模的基本工艺及流程

①整形：对造型的调整，将变形的工件加以矫正。

②修锉：亦称"锉削"。在执模工艺中，修锉主要包括修除工件毛坯上残留的水口棍，以及去除焊点和凹凸不平之处。这一步骤要求控制好削量的大小，以保持首饰的基本造型。在熟悉首饰结构的基础上尽可能深入体会设计时对造型的要求，例如平整处要足够平整，对称处要完全对称，弯曲处的曲线尽可能准确，翻转处要过渡自然，等等。

③焊接：有些工件是由两部分以上铸件构成，因此需要通过焊接工艺将工件整合。焊接完成后要用锉刀对焊接部分做再次修整。

④修补砂眼：检查工件上是否有砂眼并及时修补。先用小伞针等轻轻打磨砂眼，去掉砂眼中的油脂及氧化物，之后用焊具融化焊料对砂眼进行填充，再用明矾水煮沸去除硼砂与氧化物，最后用锉刀修平焊点。

⑤打磨：去除修锉后留下的锉痕，并将金属表面以及锉刀锉不到的地方修整光滑。打磨主要由吊机辅以砂纸棒、尖砂纸、飞碟、扫针等工具完成。

⑥打字印：标注首饰的成分、型号、品牌标志等。对于成分的标注，要求其内含的纯度要高于标识数（此处字印是指手工敲凿字印，若激光打字印，则在抛光之后、电镀之前完成）。

⑦质检：检查首饰造型是否准确、有无砂洞和锉痕以及敲凿字印的清晰与否等。

4.镶石

执模完成后，交付镶石部，根据设计图稿配石并完成镶嵌。在本章第一节"基本加工工艺"中，我们学习了不同的镶石工艺，尽管方法不同，但其过程一般都要经过固定首饰—试石位—放石—镶石—卸下首饰清洗五步骤。在这五个步骤中，除了"镶石"的步骤与方法不同之外，其他四个步骤在各种镶石工艺过程中都大致相同。具体的"镶石"过程是整个镶石工序中的重点。镶石完成后须由专业质检人员检查宝石有无破损、牢固程度、配色，以及爪、钉的形状是否合乎要求等。

5.抛光

在本章第一节基础技法中，我们了解了抛光的作用、分类及基本方法。首饰经粗抛光、中抛光和细抛光的过程，基本能达到表面光洁如镜的程度。但有时因执模过于粗糙，在首饰表面留下较大的锉痕或擦痕，以及抛光过程中有时会将掩盖在首饰表层下面的小砂洞打磨出来，这些情况必须进行修整，即行业中所谓的"修理"。例如，用吊机配以砂纸卷重新打磨首饰表面的锉痕或擦痕，焊补首饰表面出现的小砂洞并打磨平整等，修理之后才能继续抛光。抛光完后须经过质检，主要检查首饰造型是否准确，戒圈厚薄是否均匀，宝石镶嵌是否牢固，首饰表面的光洁程度以及结扣的松紧程度等。

6.电镀

在首饰行业中，电镀一般交由专业电镀厂完成。电镀工艺一般分为镀前表面处理、电镀处理以及后期处理三部分。其中，镀前表面处理主要包括光亮处理、除油处理以及浸蚀和炸金处理。镀前处理完成后即开始电镀处理。镀后处理包括保护处理、水洗、封孔、烘干等工序。电镀完成后须经过质检，主要检查电镀颜色是否准确、有无发黄或水痕、字印是否清晰等。

7.后期工艺

主要包括滴胶、粘胶（粘石或粘接配绳等）、铆接等。

（三）大货制作

前期的头版制作扫清了生产上的障碍，因此大货制作更为顺畅且效率更高。大货制作的流程与头版制作流程相同。大货制作流程的后期增加了包装环节，且货品的出处是直接与客户或销售衔接的。

第二节　非金属加工工艺（宝石加工工艺）

通过第二章的学习，我们了解到，用于首饰制作的非金属材料种类繁多，它们既有宝石、木、骨、牙等传统材料，也有诸如玻璃、亚克力等现代多维材质。由于这些材料的形成、成分、形态等特性千差万别，因此，在使用时它们相对应的加工工艺也各不相同。本书在此简要介绍宝石的加工工艺。

宝石天生丽质，决定了其本身就可以独立成为饰品。又因为其稀有、名贵，所以很多时候都是首饰设计的主角。更因为如此，有的人们在对其做设计和加工制作时，不忍舍去毫厘，会尽可能保留其天然独特的外形，展示其自然、原生态的美。但更多的情况却是天然原生态的外形不能满足设计需要和对美的需求，而且有时也并不能将宝石的光彩华丽和珍贵品质尽现于人。因此，人们会根据宝石本身的特性、品质和自然形状等作精心设计，之后再进行切、磨、雕、琢等加工处理，使其大小各彰其形，品质优劣明晰。

一、宝石琢型设计

宝石琢型设计主要是根据未加工宝石（生石）的形状、色彩、通透度等因素，并兼顾其瑕疵，再充分考虑设计美学而做的雕琢设计。常见的宝石琢型样式有弧面琢型、刻面琢型、链珠琢型、雕件琢型、异形琢型等。

（一）弧面琢型

弧面琢型主要指宝石表面呈弧形凸起，截面呈流线型，且具有一定对称性的琢型。适于弧面琢型的宝石有：所有不透明和半透明的宝石，一些具有星光效应、变彩效应、猫眼效应等特殊光学效应的宝石，以及含有过多包裹体而不易琢成刻面型的透明宝石等。弧面琢型根据腰棱的形状分为圆形、椭圆形、橄榄形、梨形、心形、矩形、随意形等；根据弧面琢型的横截

单凸弧面琢型

双凸弧面琢型

扁平弧面琢型

中空弧面琢型

顶凹弧面琢型

图 4-2-1　弧面型宝石琢型分类

面形状又可分为单凸弧面琢型、双凸弧面琢型、扁平弧面琢型、中空弧面琢型、顶凹弧面琢型。（图 4—2—1）

（二）刻面琢型

刻面琢型是指由许多刻面按照一定的规则排列组成的具有一定几何形状的对称多面体。刻面型适合于所有透明的宝石。这种琢型方法能充分体现宝石的四种特性：体色、火彩亮度和闪耀程度。根据宝石的形状特点和刻面的组合方式，可将刻面型宝石分为圆明亮形、祖母绿形、橄尖形、心形、梨形、枕形、椭圆形、公主方形等。（图 4—2—2）

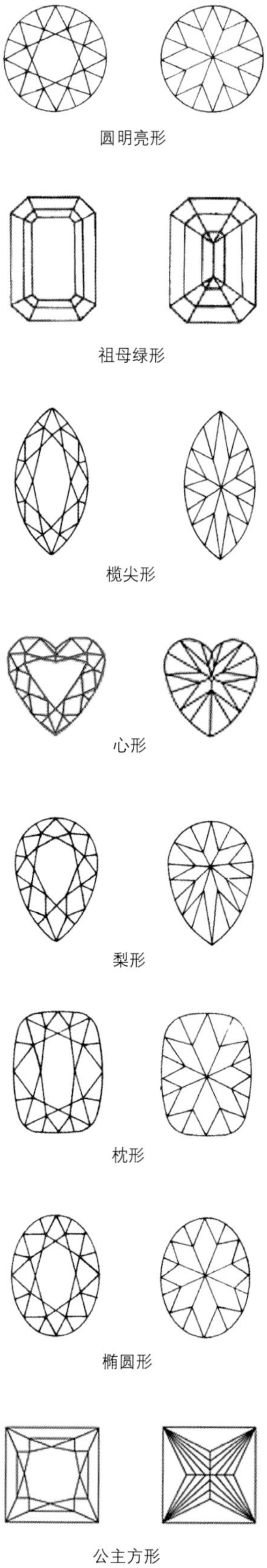

图 4—2—2　刻面型宝石琢型举例

（三）链珠琢型

链珠琢型是指用于珠串的中间穿孔的具有规则或不规则的珠状琢型。链珠琢型适合于中低档的半透明至不透明宝石材料。链珠琢型宝石重在表现有相同造型的宝石并排连接的效果，而不在于某一单粒宝石的展示。常见的链珠琢型有圆珠、椭圆珠、扁圆珠、腰鼓珠、圆柱珠、棱柱珠、刻面珠、不规则珠等形。

（四）雕件

雕件是指通过雕刻手段产生的琢型。雕件多用于中至低档的、硬度较高的半透明至不透明宝石。根据其表现方法分为圆雕、浮雕等。

（五）异形琢型

异形琢型包括自由形琢型和随意形琢型。自由形是人们根据喜好及原石形状，将宝石设计成不对称或不规则的造型；随意形一般不对原石做过多加工，只将原石棱角打磨圆滑或做局部加工处理即可。异形琢型是宝石最简单的琢型，也是形体变化最多的琢型。

二、宝石雕琢

宝石雕琢是一门古老的技术。虽然新的切割和雕刻方法层出不穷，新的材料和工具设备也不断产生，但基本原理和原则是不变的。宝石加工工艺以“减法出造型”为原则，要求加工程序必须循序渐进、准确，以减少误差与损失。宝石雕琢的基本步骤是开坯—切割—粗磨—细磨—抛光，逐步推进，丝丝入扣。宝石雕琢也有手工和机械之分，一般由专业的宝石加工厂来完成，设计师需更多关注的是宝石琢型的设计。

思考与练习

1. 片材使用练习

（1）利用锯、弯曲、凹凸等技术，用 5 张 80 mm × 80 mm 的铜片制作不同的立体造型。

（2）用铜或银质板材制作 5 件以面为主要造型元素的项坠，制作中要注意弯曲、折叠、凹凸等工艺的运用。

2. 线材使用练习

（1）练习用拉线板拉制不同粗细及形状的银质线材。

（2）用银质线材制作 5 件以线为主要造型元素的项坠，制作中要注意螺旋、花丝等工艺的运用。

3. 肌理练习

（1）运用捶打、压印、雕刻、錾花、酸蚀、做旧、喷砂，以及褶皱、珠粒、金属镶嵌、花丝等工艺，为 10 张 50 mm × 50 mm 的铜片制作不同的表面肌理。

（2）用錾花工艺制作 3 枚戒指。

4. 锯的练习

（1）锯出以下造型的铜片材：①直径为 30 mm 的圆形；②边长为 30 mm 的正方形；③边长为 30 mm 的等边三角形；④某个自己设计的自由曲线造型。

（2）有镂空图案的戒指制作：（图案自创）选用规格为 0.8 cm × 7 cm 的金属片制作。要求采用线锯对图案进行镂空处理。

5. 雕蜡练习

（1）对称的以几何直线为主的戒指的雕蜡练习。

（2）非对称的以几何直线为主的戒指的雕蜡练习。

（3）有包镶主石和钉镶配石的项坠的雕蜡练习：需在蜡上车出包镶主石的坑位、钉镶配石的坑位，做出包镶镶口并点出钉镶配石的坑位，需要注意钉镶坑位间隔的大小。

（4）有爪镶主石和起钉镶配石的项坠的雕蜡练习：镶爪可在执模步骤焊接，但需在蜡上车出爪镶主石的坑位和起钉镶配石的坑位，注意坑位间隔的大小及节奏。

6. 执模练习

将练习 5 中的作品倒模后进行执模，注意水口位的平整、造型的准确以及对镶石位处理得当。

7. 焊接练习

（1）将练习 4 中制作的镂空戒指进行焊接制作。

（2）在一块铜片上焊接粗约 1.2 mm、长约 15 mm 的铜线若干，注意焊料的使用，宜保持铜线的垂直。

（3）将练习 6 中的戒指执模后焊接镶爪。

8. 镶石练习

将练习 6 中的项坠执模后调校石位并镶石。注意宝石的牢固、镶石位的工整以及顶珠的圆润。

9. 抛光练习

（1）将前面练习中的作品做抛光处理，可尝试运用镜面光亮以及拉丝等不同表面效果。建议第一个戒指使用锉刀和砂纸练习手工抛光；第二、第三个戒指采用抛光机进行机械抛光［第二个戒指选用先过毛扫、再过布轮的程序抛光，以获得光亮的抛光效果；第三个戒指选用细金属丝（黄铜或镍银丝）轮抛光，以获得绢丝效果］。

（2）用泡黑做旧的方法处理前面练习中的部分作品，之后再将凸出部分进行抛光练习。注意凹凸色彩的衔接及层次的处理。

10. 讲述现代首饰产业的生产加工流程。

11. 论述：结合实例，谈谈首饰设计中的工艺之美。

知识链接

1. 黄云光、王昶、袁军平《首饰制作工艺学》，中国地质大学出版社，2005 年
2. 邹宁馨、伏永和、高伟《现代首饰工艺与设计》，中国纺织出版社，2005 年
3. ［日］柳宗悦《工艺文化》，广西师范大学出版社，2011 年
4. ［英］安娜斯塔尼亚·杨《首饰材料应用宝典：一本关于珠宝首饰材料及制作工艺的基本指南》，上海人民美术出版社，2010 年
5. Oppi Untracht. *Jewellery Concepts and Technology*，Published by:Doubleday Book, A Division of Bantam Doubleday Dell Publishing Group,Inc.,1982.
6. Carles Codina. *Jewellery and Silversmithing Techniques*，Published by:A&C Black·London,2005.
7. Carles Codina. *The New Jewelry:Contemporary Materials & Techniques*（Arts and crafts），Published by:Lark Books,A Division of Sterling Publishing Co.,Inc.2005.
8. Jinks McGrath. *The Encyclopedia of Jewellery-Making Techniques*,Published by:Running Dress Adult,Page One Publishing Private Limited,1995.

第五章　作品赏析

第一节　中国传统首饰赏析

一个不懂历史的人是不可能创造历史的，设计师也一样。首先，我们要学习历史，研究各个历史时期的社会背景，如生产力、政治主张、文化思潮、社会风尚等，以培养审美思想和观念。之后，学习历史中的经典作品，分析其材料、制作手法，总结审美规则，提高审美能力。

图5-1-1旧石器时代鸵鸟蛋皮串珠：旧石器时期的饰品所使用的材料多为自然物的直接撷取。这些材料有植物的花、果，动物的牙、骨，地上的石和海边的贝等。材料的选取和使用一定与生活息息相关，往往都是生活的反映，从中可见当时的生产和生活状况。显然，此时的先民们的生产力水平很低。限于生产技术水平，他们只能选取硬度较低的材料作为装饰物，并且也只能对其进行简单的加工和改造，如打磨、钻孔和染色等，以符合自己的佩戴需要。从材料选取到加工制作，再到组织排列，我们可以看到先民们审美意识的发展。虽然这件饰品看上去还很粗糙，形状也不规则，很大程度上保持了撷取物的原态，甚至根本谈不上所谓的设计，但在这几个相似形体的重复排列中，我们还是感受到了先民们对美的感受和其创造能力。他们已从这些形体的制作中体悟并掌握了对称、均衡等美的基本形式。美的曙光已照耀到了这个时代。

图5-1-2新石器时代龙首玉镯：良渚文化处于原始社会向文明社会的过渡时期，这一时期也被称为铜石并用时代。显然，此时人类对物质材料的驾驭能力有了很大提

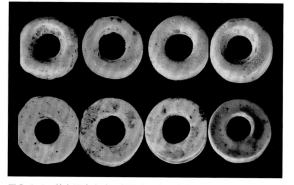

图5-1-1　鸵鸟蛋皮串珠，宁夏武灵水洞沟遗址第8地点出土，旧石器时代

图5-1-2　龙首玉镯，长江下游太湖地区良渚文化遗址出土，新石器时代

高。与此同步的是，人类对美的感受能力也在不断提高，并因此引发了人更强烈的精神需求，这种需求又反过来不断地刺激人类提高其实现能力。实际上，人类对物质材料的择取和使用同对美的感受和认识以及对美的创造是相互影响、相互促进的。玉器的出现即是此种认识的明证。

玉，石之美者。玉的质地坚硬、细密，色泽柔和、温润。正因为它有如此众多美好的特征，所以，自它出现于人们的生活之日起，便有着不同寻常的意义和作用。古人认为，玉是天地的精华，用玉做成的器物具有一定的灵性。它可以沟通人神，也能护佑使用者。那么，玉镯上为何要雕刻龙首呢？因为在那时，人类支配自然的能力是极其有限的，所以人们在精神上渴望得到某种帮助。然而现实中的事物难以达到这种要求，不能满足这种愿望，因此，先民们根据自己的生活体验，再结合需要、想象拼凑成一种集众美于一体的形象——龙。中华民族是以农耕为主的民族。古人认为，龙能隐能现，上可腾云驾雾、行云布雨、滋润万物，下能伏藏大地、涵养万物、幻化生机。自然，龙就成了中国人精神的象征。龙、凤、夔、饕餮等，都是古人精神和意志的凝聚物、合成体。

龙的形象集中了如此众多之美，而要在玉雕中突出它们，又不破坏玉的自身品质，就需多采用象征性和装饰性的手法，只对头、目、齿等做细致刻画，而省略其他部位或者只对其做象征性的处理。这样就可以达到以简驭繁的效果，视之浑然天成，又妙趣横生。

美的形象总是有美的形式和内涵与之匹配。玉镯的形制与玉琮近似，呈内圆外方状。这首先是为了佩戴舒服之故，而这一形制除开古人"天圆地方"的宇宙观念外，还潜在地运用了"四正四隅"的空间定位概念。这种定位在视觉上有一种均衡稳定感。还需要提及的是，虽然这一时期已是铜石并用，但考古证实尚无金属雕磨工具产生，而玉镯的琢磨与切割工艺之精也实在是令人惊叹不已。

图5-1-3 商代骨笄：在"万物有灵"的年代，"骨"早已不是其本意。《管子·轻重丁》中有"兄弟相戚，骨肉相亲"之语。因此，"骨"同玉一样，也承载了中国古人的许多观念，并由此形成了以"骨"的品性为代表的审美标准，如"风骨""骨力""骨气"等。古人对自身的装饰，首先是从头部开始的。"美"的本意就是佩戴头饰站立着的人。笄，是古代妇女盘发后，为避免散坠，用以固定发髻的用具，其作用与后世的钗和簪类似。在商代，笄多用竹和骨制成，也有用玉和金制的，形制驳杂。一般来讲，笄的首部都较大且突出，笄身多为柱状或扁平条状，并多"饰首"而不"纹身"。这显然是其功能使然。因为，笄首要留在发髻之外，大且突出是为了插取便利。那么，既然是暴露于发外，对笄首装饰的本身也就是对佩戴者自身的美化。此时，笄就如同鸡头上的"冠"，越是光彩艳丽就越是夺人眼目。图中，笄首约为笄身的二分之一，并饰以夔纹，上部呈冠状，周围透雕锯齿形缺口，排列整齐，线条劲挺，如青铜器上的夔纹一样，呈现出一种威严、肃穆、冷酷的"狞厉美"。

图5-1-4 商代金耳坠：金与首饰，如同金与货币一样有种不解

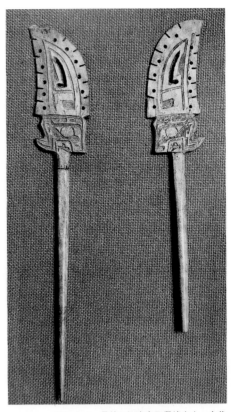

图5-1-3 骨笄，河南安阳殷墟出土，商代

图5-1-4 金耳坠，北京平谷刘家河出土，商代

图 5-1-5　晋侯玉佩饰（部分），山西曲沃出土，西周

图 5-1-6　鹰顶金冠饰，内蒙古杭锦旗阿鲁柴登匈奴墓出土，战国

之缘。金，似乎天生就是为首饰和货币而生。但是，人类最初的"爱美之心"并无财产和贵重的概念掺杂其间，有的只是附着于物的观念和为更好地表达观念而生的"形式"与"色彩"的感受，而这一切都与自身的生存状况息息相关。黄金因夺目的光彩而引起人们的兴趣，之后又因其不变的品质而使人们寄予其某种希望，再后，则因其稀有、昂贵而受到膜拜。那么，用如此珍贵的材料制成的精美饰物来佩戴，为的就是吸引人们的视线，除炫耀外，再有就应该是起某种警示作用。"耳提面命"，古人认为，耳饰具有警告之意。图中金耳坠好似喇叭花，又似小铃铛，没有任何纹饰，简洁大方，朴实无华。这在青铜冶炼技术十分发达，骨、玉雕刻十分精美的商代，是非常令人不解的现象。这或许是在警告使用者，要时刻警惕，不要轻信闲言碎语吧。

图 5-1-5 西周晋侯玉佩饰：玉，在中国古人心目中是圣洁之物，是可用于沟通人与天地神灵的通灵法器。在史前就有饰玉与礼玉之分，进入阶级社会，尤其礼制完善的周代，玉不仅被人格化，还成为礼制与伦理的载体。西周时期，佩玉之风极盛，有"君子必佩玉"之说。此时，宗教信仰已由原始时期的非理性神秘巫术形态演化为各种相应的礼仪制度。宗法制度确立，礼制也相应健全起来，故出现"以礼治玉"。除礼玉外，对佩玉的使用也有严格的规定和形制上的规范。因此，如图所示，西周玉饰中有环、珩、璜、佩等各种式样，并大多成组出现，且以珠玑相连，秩序井然。与"殷人好巫"不同，周人尚礼，又"敬鬼神而远之"，因此在精神上没有殷人的重负，所以，玉饰纹样也较商代少了神秘色彩。即便如此，此时的玉佩所反映的依旧是奴隶主贵族的意志和精神，故显得严正而古朴，绝无轻率之感。

图 5-1-6 战国鹰鸟顶金冠饰：冠顶高 7.3 厘米，冠带长 30 厘米，周长 60 厘米，共重 1 394 克。冠顶呈半球形，上面浮雕着四狼噬四羊的图案。冠顶之上傲立着展翅的雄鹰，鹰体由金片做成，中空，身及双翼均有羽毛纹饰，头部和颈部镶嵌绿松石，头尾皆以金丝与鹰体相连，可摇摆活动。冠带是由三条铸造的金龙以榫卯结构连接而成。金龙的龙体装饰有三股交错绳索纹。下面两条金龙的龙体上，在左右靠近人耳处还刻有卧伏的虎和盘角的羊以及马的浮雕。此冠在设计上动静结合，主体与装饰之间层次分明，上下、前后节奏多变，制作工艺精湛，因此，给人以雍容华贵之感。金冠具有鲜明的北方

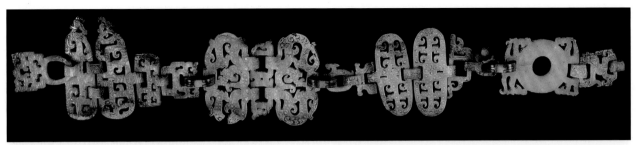

图 5-1-7 龙凤玉挂饰，湖北随县曾侯乙墓出土，战国

游牧民族的装饰特点，是匈奴族遗物中最富代表性的艺术珍品。

图 5-1-7 战国龙凤玉挂饰："诸子竞起，百家争鸣"，这是一个政治混乱、思想文化异常活跃的时代。"礼崩乐坏"使人的精神得到极大解脱。玉的使用与搭配也轻松自由了很多。一些士大夫甚至从头到脚周身饰玉。《礼记·玉藻》中有"君子在车，则闻鸾和之声，行则鸣佩玉"的记载。可以想象，贵族们在一些礼仪和游乐活动中，满身玉佩的华丽景象是何等壮观。

由于少了"礼乐"的束缚，于是，玉饰的形制和佩戴方式都发生了相应的改变，同时改变的还有玉饰纹样。思想解放改变了审美观念和艺术的视角，此时，写实性绘画手法的渐兴使玉饰纹样也渐趋写实。虽然仍以龙、凤、夔为对象，但参照了现实生活中某些动物的形象，对它们的头、口、齿等做了有根据的、合理的刻画。因此，这种纹样使人感觉极为亲切、自然。"工欲善其事，必先利其器"，艺术形式的实现是以技术作为基本前提保障才能完成的，而技术进步又要以工具的改进为先决条件。这一时期，铁制工具的广泛使用也是使玉饰纹样表现丰富的主要因素。

图 5-1-8 汉代镶嵌耳坠：汉代是中国历史上民族大融合时期。"丝绸之路"不仅是国际贸易之路，也成了文化交流之路。生活在我国西北方的古老的匈奴族，他们的文化和艺术受到中亚游牧民族的影响，有着自己的风格特色。图中耳坠由两部分组成，上面玉嵌，下面金镶。上面，先是将金饰压印成云朵形，边缘再饰以连珠纹。金饰的正面用金片掐成兽形，在兽形体内嵌入玉片，但发现时多已脱失。金饰的背面有管状孔、金钩等构造。耳坠的下面是用饰有连珠纹的金片镶的玉坠。玉坠呈扁平的枣形，镂空雕刻，并用阴线刻一龙和一虎。从装饰风格上看，"连珠纹"有受西域文化影响的痕迹，而龙虎纹则是典型汉文化的特征。汉时有将"青龙、白虎、朱雀、玄武"作为"四灵"的说法。由此可见汉代各民族间的文化交流与融合情况。

图 5-1-9 东汉龙凤纹玉璧：汉武帝"罢黜百家，独尊儒术"后，确立了儒家文化的正统地位。"质胜文则野，

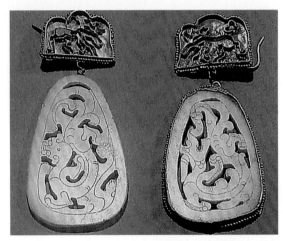

图 5-1-8 镶嵌耳坠，汉代

图 5-1-9 龙凤纹玉璧，东汉

图 5-1-10　金马项饰，内蒙古阿鲁科尔沁旗出土，北魏

图 5-1-11　金步摇冠，内蒙古乌蒙达茂旗出土，北朝

文胜质则史；文质彬彬，然后君子"的"中和之美"，便是儒家的政治伦理主张和理想在文艺创作上的反映。图中玉璧由上下两部分构成。下部是饰有乳丁纹的璧，象征地；上部是两个分别由凤鸟与虬龙组成的镂空圆环，飘逸灵动，象征天。龙凤相互勾连衔合成纹，与下部璧上的孔相呼应，以虚领实，虚实相应，团结一气。从整体看，玉璧又好像由三个在同一垂直线上重叠衔合的圆环组成，这使玉璧结构更加紧凑，张弛有度。技术方面，在继承战国、西汉的镂空技术基础上，再精益求精，但"饰而不繁"，疏密有致，很好地体现了"文质彬彬"的"中和之美"。

图 5-1-10 北魏金马项饰：该项坠高 5 厘米，宽 8 厘米，链长 13.5 厘米，纯金制成。金马四蹄前后交错，似卧又似跑，除颈后有鬃毛铸纹外，通体光素。马耳后面和尾部各置一环，用以系挂金链，既显得设计合理，又显得稳重大方。从造型上看，马头略夸张，显得稚拙可爱，躯干和缓的曲线又给人以安详、温驯之感。朴素光洁的马身与粗犷的金链形成强烈对比，增加了装饰的效果。我们知道，首饰与纯欣赏艺术不同，它与社会的政治、经济、科技发展水平和社会风尚等关系至为密切。社会的每一次变革都会对首饰产生一定的影响，这种影响反映到作品中，我们可以看到，它传达出了战乱年代马匹对军事以及生活的重要性。

图 5-1-11 北朝金步摇冠：内蒙古乌蒙达茂旗出土，两件一套，金质，各高 19.5 厘米和 16.3 厘米。步摇被做成麋鹿和马鹿的造型，上部是鹿角枝状，并配饰桃形金叶。步摇是由簪和钗发展而来的，它的底部通常是钗，上面用金做枝状，并饰以金玉制成的可活动的花、叶子或蝴蝶等。走起路来，"花叶"随步履摇曳，姿态万千，故名"步摇"。

鹿长角，树发芽，春华秋实，生殖繁衍乃自然法则。这也是人类无比崇拜、永久歌颂、极加赞扬的题材。远至史前，彩陶、岩画所表现的许多内容无不与此题材相关。在战争频仍的时代，人们更加感到人生无常，认识到生命可贵，对生殖繁衍有种超乎寻常的渴望。鹿是很早就已被人类驯养的动物，人们十分熟悉它的习性。鹿的繁殖能力很强，每到春季，鹿的角便与树和草一样在春风的吹拂下长出。"春风复多情，吹我罗裳开。"此时也正是男女青年们求偶的最佳季节。"三月三日天气新，长安水边多丽人。"这虽是唐人的写照，也一样表现出北朝时的女孩子们在风和日丽的春天，戴上高高的步摇冠，来到郊外，在水边嬉戏，在田野奔跑，冠上闪烁着光芒并发出悦耳的声音，恰似对心上人的召唤。步摇冠体现了魏晋南北朝时期的时代特征和北方少数民族大胆质朴、热烈奔放的民族性格。

图 5-1-12 隋代镶宝石金项链：项链链条用二十八颗各色宝石做成。链条上部有一金搭扣，扣上镶有雕刻鹿纹的蓝色宝石。项坠部分分两层，上层中间是以蚌珠环绕红宝石做的宝花，两边是镶蓝宝石的四角形饰片，再两侧呼应有以蚌珠环绕的蓝宝石宝花，下层悬挂的是水滴形蓝宝石。隋代，由于当时细金工技术的进步，金银首饰制作空前精致。

艺术品的审美价值往往不仅在于其诉诸视觉的形式，更为重要的还有形式所依托的精神内涵。形式和内涵都与当时社会所处的历史发展阶段相呼应，并反映该阶段的社会意识趋向和文化发展特征。图中项饰即是此明证。项饰是璎珞样式，其本是佛像的颈饰。佛像几乎是与佛教同时进入中国的。佛教自汉朝时传入中国，经过魏晋南北朝三百多年的融合和统治者的宣扬，已渗透到人们生活的方方面面，并对中国的文化和艺术产生了极大的影响。不仅隋代之前的艺术家常以佛教为题材进行创作，隋唐艺术家也是如此，同时形成了影响深远的佛教绘画，如"吴家样"等样式。因此，璎珞出现后，很快为人们所接受，并与佛像一样被民族化。我们从项饰中还可以看到，除佛教的璎珞样式外，二十八颗各色宝石组成的链条又有道教的二十八星宿之意，从中可见当时儒释道三教合流的情况。

图 5-1-13 唐代葡萄花鸟纹银香囊：银质香囊由上下两个半球组成，其上镂雕精美的葡萄花鸟纹饰，不仅美观，而且便于香气外溢。在下半球的内部设计有两个直径不同的同心圆环和一个半球形香盂。圆环与香盂的两端通过轴与外部球体相连，无论外部球体如何转动，香盂始终保持水平状态。专家介绍，唐代香囊中的持平装置完全符合陀螺仪原理。这一原理在欧美是近代才被发现并广泛应用于航空、航海领域，而中国最晚在 1 200 年前的唐王朝时就已掌握了此项技术原理。香囊是唐朝贵夫人们日常生活的必备之物，无论狩猎、出行、游玩，均随身携带，所过之处，香气袭人。

艺术品的题材是时代思想和社会审美风尚的反映。而样式不仅受表现材料的制约，也与所追求的内容和表达的思想或体现的精神内涵相适应。唐代金银器之所以发达，首先与国力强盛有关，当时宫廷设有专门的机构负责金银器等工艺品的制造。同时，又与高度发达的制作工艺，如镀金、浇铸、焊接、

图 5-1-12 镶宝石金项链，陕西西安出土，隋代

图 5-1-13 葡萄花鸟纹银香囊，陕西西安何家村出土，唐代

图 5-1-14　明孝靖皇后十二龙九凤冠

图 5-1-15　玳瑁珠宝翠玉四瓣花护指，清代

锤揲、刻划等分不开。加之唐代吸收了大量的外来文化和技术并加以变通，艺术品形成了精美、华贵、富丽、典雅的独特样式。

图 5-1-14 明孝靖皇后十二龙九凤冠：首饰是一种符号，冠冕是这一符号的典型代表。尤其在我国少数民族地区和一些宗教国家，冠冕的这种符号性更加突出。

冠冕本也是帽子，但与帽子的作用和意义相去甚远。帽子只是用以御寒、蔽日或日常装饰佩戴而已，而冠冕却是古代帝王、皇后和官员佩戴的、不可或缺的礼仪性装束，是等级、地位、权力的象征，各个朝代对冠冕形制及其佩戴都有非常严格的规定。明孝靖皇后凤冠为十二龙九凤，以髹漆细竹丝编制，通体饰以点翠的飞凤、如意云片，其间点缀珍珠、宝石。龙凤本来是传说的神异动物，是中国人崇拜的图腾，具有极强的象征意义。龙凤作为一种特有符号，已渗透到每个中国人的灵魂深处，并融化在血液之中了。统治者利用人们的这种崇拜心理，将自己说成是龙凤的化身。"君权乃神授"，自然神圣不可侵犯。"龙凤"就成了皇家专用形象，进而成为其象征和代名词。这好似古埃及，君主认为自己是天神荷鲁斯的化身，荷鲁斯本来的形象是隼，因此君主将自己刻画成隼首人身的形象。

图 5-1-15 清代玳瑁珠宝翠玉四瓣花护指：护指是女性手指上的一种装饰物。它的作用一般有两种：一是功能性的，就是为保护纤细柔美的手指或所蓄指甲不受损伤；二是审美性的，为突出手指的柔细之美。实际上，护指最早是功能性的。保护身体不受伤害是人的动物性本能。古人很早就有"身体发肤受之父母"的观念意识，更何况是"手"这样重要的部位。"护指"是因为手指受到重视，所以性质逐渐发生改变，由保护功能上升为审美层面。所用材料也由最初的竹木发展到后来的金银，并饰以宝石。其制作工艺也逐渐考究起来，至明清还出现了珐琅技术的护指。但是作为艺术品来说，"材美工巧"并不等于艺术价值就一定高。如图，此护指与同时期的其他饰物一样，装饰过甚，因过于追求工艺而趋于烦琐，故显得呆板僵硬、了无生气。这种趣味也反映出当时统治者的精神面貌和审美追求。

第二节　西方传统首饰赏析

图 5-2-1 猛犸象牙坠饰：人类首饰有史可考的时间至少可以追溯到 25 000 年至 18 000 年前之间。从摩纳哥附近墓穴里发现的三串鱼类椎骨，到猛犸腭骨及象牙项饰……有趣的是，不同地域的先民们不约而同地选择了如此相似且简单的方式来修饰自身，这绝非偶然。作为一种物质形态，这些看似简陋的饰品，实际上反映的是先民们的生存状态和与之相应的精神观念，包括原始的宗教观念。原始环境下的先民们，最关心的莫过于生存与繁衍。在这两种需要没得到满足时，他们的任何行为都会带有这种需求的功利心理。因此，这些饰品或是寄托先民们生存和繁衍的希望，或是因羡慕某物而择其有代表性或象征性的部位进行膜拜。但这并不否认原始人存在着审美意识。如图，从他们对装饰物品的选择和排列中可以看到他们对形象的认识和形式的把握。另外，他们在对自身进行装饰的时候或在装饰之前，就已在饰物中寄予了种种与生存和繁衍相关的信仰与崇拜观念，之后，再从装饰物和它承载的观念中获得一种美的感受。

图 5-2-2 圣甲虫胸饰：由陶、玻璃制成，古埃及首饰。同其他古老民族一样，古埃及人的工艺美术品中充满了宗教色彩，"不灭"与"再生"的信念无处不在，也深植于首饰创作观念之中。这不仅影响了表现风格的产生，而且使其制作材料中也体现着他们所追求的"永恒"主题。胸饰中间是蜣螂，在古埃及人的眼中，它是太阳神的象征，具有无与伦比的神奇力量，被称为"圣甲虫"。圣甲虫位于太阳船上，是复活太阳神的象征，两侧由伊西斯和尼弗提斯女神陪伴。这是一件随葬配饰，整件作品与死者期待复活的愿望密切相关。当然，圣甲虫也是古埃及民族的象征，是他们的吉祥物，其形象具有护身符的作用。

图 5-2-1　猛犸象牙坠饰，法国卡佩勒峡谷，公元前 23000 年

图 5-2-2　圣甲虫胸饰，陶、玻璃，古埃及，约公元前 1292 年—公元前 950 年

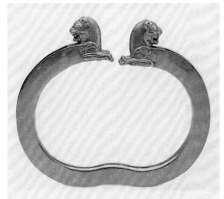

图 5-2-3　古希腊金手镯

图 5-2-4　波斯黄金手镯，公元前 5 世纪—公元前 4 世纪

图 5-2-5　古希腊耳环，黄金

　　图 5-2-3 古希腊金手镯、图 5-2-4 波斯黄金手镯：两款手镯基础造型大体相同，制作材料同为黄金，因为装饰意匠的不同使审美大异其趣。古波斯，由于地处欧亚大陆之间，故有"欧亚陆桥"之称，这使它成了东西方海陆的"丝绸之路"，也是两方文化交流的中心。这样的条件决定了古波斯民族的艺术风格必定是汇集八方的杂糅性与独出己意的民族性的结合。这两点从手镯（图 5-2-4）的装饰物——"鸟兽同体"的造型上很清晰地反映了出来。古希腊，欧洲文化的发源地。其在政治上是以城邦为单位的奴隶主民主政体，这种政体使人得到了极大的尊重和自由。在宗教方面，希腊人有"人神同形同性"的观念。宽松、温和的气氛为希腊"高扬人性"的艺术准备了丰饶的土壤。因此，希腊人追求以人为中心的，自然、和谐与简洁的美。对比两个手镯，我们可以看到，在希腊，由于对人和自然的尊重，也使动物和物品得到了尊重。他们并不会因装饰的需要而对装饰物（狮子）做过多的刻画和超比例的设计，更不会为突出政治或宗教的功利目的而臆造形象。他们选择简约、单纯、自然、和谐，做到了既不破坏其功能又很轻松、完美地表现出了审美趣味和追求，这就是对"诗意"追求的结果。

　　图 5-2-5 古希腊耳环、图 5-2-6 古罗马耳环：公元 1 世纪，欧洲的文化中心随着罗马吞并希腊而发生了转移。虽然希腊已不存在，可辉煌的文化足以令征服者顶礼膜拜。但是，罗马毕竟不是希腊，它总有自己的独特之处，这从与希腊艺术的对比中可以看得更加清楚。罗马艺术多注重实用，不似希腊艺术倾向于理想。因此，它没有希腊艺术的浪漫色彩，也较少有轻松、优美的气息。在设计制作和装饰手法上，希腊人因追求高贵典雅，故精于设计，讲究工艺的细腻精致，但显得有些气度不足；而罗马，最初受到伊达拉里亚和希腊的影响，工艺水平也可说是独步一时。后来，或许是因为罗马人喜爱简单的几何形，追求首饰的体积感，也或许是他们无意于繁缛巧饰，致使工艺显得简单，甚至感觉有些粗糙，但显得气魄宏阔，有质

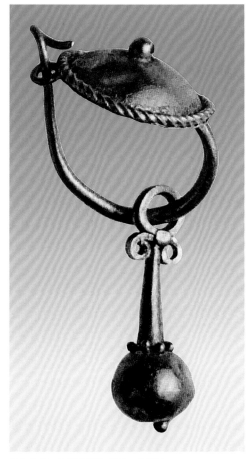

图 5-2-6　古罗马耳环，黄金，2 世纪

朴大方之感。再后来，由于各地的能工巧匠汇集罗马，使罗马人很快掌握了更为精湛的技术，并有所发展创造，以至影响到后来的拜占庭首饰制作风格。

图 5-2-7 拜占庭船形耳环：在拜占庭时期的首饰中，船是颇为时尚的题材，其造型也就成了流行的样式。一般意义上说，艺术家对题材的选择看似有某些个体的偶然性的因素，但一个时期的流行题材，一定有其必然性，也一定与此时期的社会背景有必然的联系。当时的拜占庭帝国拥有地中海最强大的海军军事力量。海军是帝国生存的关键，也是扩张的必需，可见船在当时人们的生活中的重要程度。它的造型成为流行的样式便不足为怪，出现在首饰作品中也就顺理成章了。这与我国北魏时期因为战争而使得首饰中大量出现军旅题材内容的现象极为相似。此耳饰有趣的不在船形，而在船之上的空处。耳饰好似一轮弯月，这种造型在感觉上似乎并无奇处可言，可其妙却恰在此处。月缺之处的"下弧线"与其上的穿耳部分的"上弧线"，实际上完全对称。其用心十分明显，就是以主次形体间的挪移、翻转与互补，造成一种视觉上的延伸，使整体多一个节奏的变化，看上去既合理又有情趣。

图 5-2-8 奠基者胸针：胸针由黄金、珍珠和宝石制成。这是哥特式首饰中比较著名，也是比较经典的一件。那么，它与哥特式建筑有哪些联系呢？我们试加以分析。胸针造型似大写的字母"M"，左右两侧的线呈弧形，浑厚有力，好似柱壁支撑着厚重的拱顶；中间垂线如同墩柱，与两侧弧线形的墙组成了两扇窗，又与门窗顶部的"肋拱"（哥特式建筑中最典型的构造）一同将来自拱顶的压力分解掉。设计者巧妙地将圣母玛利亚和天使放置于窗内，这又与哥特式建筑中的雕塑的意趣相吻合。还有更为独特的地方，就是各色宝石的运用。它们恰似哥特式建筑艺术中不可或缺的彩色玻璃画，变幻的色彩令人眼花缭乱。设计师采用建筑风格样式作为首饰的表现形式，可谓匠心独运。在设计与制作上既合理地运用了这一形式，又很好地突出了主题，真是相得益彰，不愧为经典之作。

图 5-2-9 文艺复兴时期项坠：项坠由黄金饰以珐琅陪衬宝石和珍珠制成，表现的是一个手持刀和盾牌的人鱼。人鱼的躯干由一颗硕大的巴洛克珍珠做成。这件 16 世纪意大利时期的项坠是文艺复兴时期首饰的典范之作。首饰反映了当时欧洲兵连祸结的社会现实，同时也展示了人民为争取自由、民主和人权的斗争精神。文艺复兴既是文化的变革，也是思想观念的解放。"以人为本"的人本主义思想表达了人们迫切要求在思想、情感和意识等方面从各种桎梏和压迫中解放出来。因此，人们需要典型的形象和题材形式来表现这一时代要求，尤其是英雄形象。在这点上，项坠的人鱼形象与同时期的米开朗基罗创作的《大卫》和《摩西》的意旨一致，他们同为拯救民族、使人们摆脱苦难的英雄。而最值一提的是，此时有许多艺术大师，如基布尔提和丢勒等都曾涉足首饰制作这一行业，他们的加入促进了首饰的发展，提高了这一时期首饰的艺术价值。

图 5-2-7 船形耳环，拜占庭，7世纪

图 5-2-8 奠基者胸针，英国，1404 年

图 5-2-9 "The Canning Jewel"，意大利，约16世纪

图 5-2-10《戴在胸前的十字架》：这个十字形项坠是 17 世纪晚期巴洛克风格的作品。对"巴洛克"一词的解释，历来说法不一，总之，其含有不合常规、奇特或怪诞、荒谬的意思。这本是 18 世纪古典主义艺术理论家评论一种流行于 17 世纪的艺术风格的词汇，最初是含有贬义的。因为，巴洛克艺术被宗教利用，充满了浓厚的宗教色彩，故而人们认为其是艺术的堕落。而后，随着人们认识的深入，它的意思发生了转变，成为一种时代艺术风格或现象的评论用词，而不再含有贬义了。从时间上说，"巴洛克"流行于 17 世纪至 18 世纪初。文艺复兴时期的美术在此时被开发、挖掘而形成不同趣味的审美时尚，"巴洛克"就是其中的一种。如图，如同"巴洛克"在建筑和雕塑上一样，因为倾心于动感的表现，和出于对作品空间的戏剧性变化的追求，巴洛克风格抛弃了单纯、和谐、稳重的古典风范，试图融合各种形式与技法，极力追求一种繁复、新奇、富于动感的表现形式和豪华富丽的艺术效果。虽然这一风格最终随同其服务对象——天主教的衰微而消失，但还是在美术史上留下了清晰亮丽的一笔。

图 5-2-11 洛可可风格花卉胸针：洛可可的原意是指由贝壳或小石头制成的装饰物。因为贝壳或小石头细小且琐碎，因此，这种风格也多指为装饰细节。洛可可一词与巴洛克一样，最初也是贬义词。它是指

装饰图案过于矫揉造作、华而不实，含有"矫饰""妩媚"的意思，后来指 18 世纪欧洲上流社会的审美时尚特征。图中胸针是典型的洛可可风格。从图上可以看到，这一风格的主要特色是精致与纤巧。与巴洛克强调运动感和空间的变化有所不同，洛可可更注重波斯式雅致的花卉图案与婉转盘旋的优美曲线。巴洛克艺术面向的是教会，洛可可艺术服务的是宫廷，二者都极尽工艺技巧之能事，追求精湛与完美。但实际上，二者风格大相径庭。巴洛克首饰通常采用对称式，体量大，故显厚重；洛可可首饰多为非对称式，轻巧灵秀，有轻松优雅之感。由于洛可可风格过分追求装饰意趣和制作技巧，因此显得繁缛、堆砌、闭塞，最终走向了纯粹装饰的极端而变得萎靡僵化，后为新古典主义所取代。

图 5-2-12 新古典主义风格项链：新古典主义是带有复古意趣的艺术风格，它是对古希腊和古罗马艺术的继承和发扬，是取它们的精神为时代所用，而不是简单的形式抄袭。在 19 世纪，会有这样的风潮兴起，主要还是因为要矫正当下的时弊。当时的法国是洛可可的天下，人们早已不堪忍受只注重形式而无视功能的繁缛装饰和点缀之风。另外，我们知道，洛可可代表的是宫廷贵族的审美趣味，对它的变革实际上就是对社会统治的改变。这一运动可谓是大势所趋。与洛可可相对，新古典主义放弃了对物体中个别情节的过

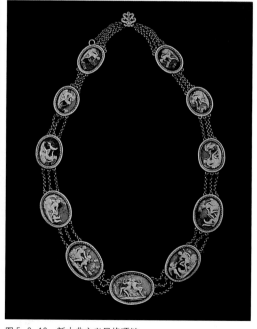

图 5-2-10 《戴在胸前的十字架》，银镀金、紫水晶，德国，约 1700 年

图 5-2-11 洛可可风格花卉胸针，黄金、珐琅、宝石

图 5-2-12 新古典主义风格项链

分强调和对细部的过多刻画，表现得自然、朴素、落落大方，给人以清新明快但又不失庄重之感。从新古典主义作品中，我们可以明显感受到古希腊和古罗马的审美精神。因此，新古典主义一出，首饰艺术便为之一振，其风格迅速成为一时风尚流布整个欧洲。

图 5-2-13 柏林铁制首饰：在其他西方各国纷纷效仿法国之际，德国柏林却出现了一种迥异于传统材料的首饰——铁制首饰。这是首饰发展史上的一件大事，是首饰的一次革命。由于制作材料发生了变化，从而导致审美趣味、表现风格和制作工艺也产生了巨变。最重要的是，首饰的概念已不再限定于金银珠宝，也不再是身份、地位和财产的某种标志，它回到了属于自己的本位上来。这也意味着它再次回到了人们的日常生活之中，而不再是贵族们专用的奢侈品，同时还意味着首饰艺术进入了一个新时代——工业时代。工业时代，一切都是革命的。因为科技的进步，新材料、新工具、新技术使社会生活中的一切都发生了变化。最初，无论是出于什么目的，也无论是出于什么情况促成了有如此材料的首饰出现，但是它出现了，并且还因为价廉物美而得到人们的青睐，表现出旺盛的生命力。因此，它最终成了首饰新时代的"启明星"。

图 5-2-14 蜻蜓女人胸针：19 世纪末 20 世纪初，由于工业革命带来了技术的进步，机械化的生产引发欧美掀起了一场设计运动——新艺术主义运动。新艺术主义反对机械化的生产和无生命的僵化式样，主张手工制作和取法自然，即从自然中汲取营养来构建自己的形式语言，这里包括了色彩、图案和线条等。因此，新艺术主义的首饰艺术家们多以人体或动植物为题材进行创作，着意突出自然界中生命体的生动形象、亮丽色彩和充满活力的曲线。如图，艺术家为突出蜻蜓的轻盈与女性的柔美，对蜻蜓的翅膀做了极力的夸张。翅膀以挺阔流畅的弧线向外伸展，由于上部和中间略收，而使它呈现明显的外放状，显得舒展而大方。其又被赋以鲜艳的色彩，使之更觉生动、鲜活、醒目。最妙处在于翅膀上的留空，使翅膀与中间劲挺的身躯形成强烈对比，显得轻盈而通透，给人以展翅欲飞之感。另外，艺术家在设计中采用对称式的构图，使作品飘逸而不轻浮，在优美中呈现出一种庄重感。新艺术主义的宗旨是复兴手工艺术，因此反对机器化的生产与制作。但是要知道，生产技术往往是时代的标志，这种反对不会阻止时代前进的脚步。

图 5-2-15 装饰风格项链：这件围巾式的项链是装饰风格的典型代表，项链的底座上镶嵌着红宝石、祖母

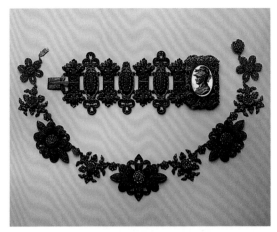
图 5-2-13 铁制首饰，柏林，约 1825 年

图 5-2-14 蜻蜓女人胸针，雷诺

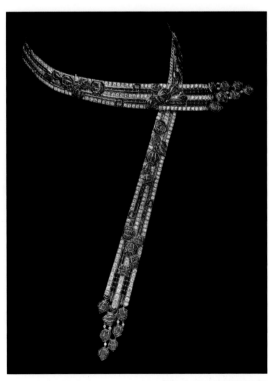
图 5-2-15 装饰风格项链

绿、缟玛瑙。20世纪初的美术运动如同当时的国际政治形势一样,一波未平一波又起。继新艺术运动之后,装饰艺术运动作为其反对者欣然登场。这一风格主张"机械化的美",多运用单纯的线和几何形体作为装饰表现元素,反对古典主义和对自然的模仿,同时反对单纯的手工工艺制作,提倡将手工艺与机械相结合。这一风气影响到首饰设计领域,表现为首饰造型的几何化趋势。从图中可以看到,装饰艺术追求的"机械化的美",实际上不是一些几何形体的简单重复、罗列与堆砌。它并没有忽视对作品的设计,恰恰相反,作品非常注重设计中各种元素的运用和意境的营造。作品以"线"作为主基调,通过"线"的组合与环绕造成一种"势",使原本单纯、机械的线表现出强劲的张力和动势。在此基础上施以似不经意的点缀,使得作品显得"端庄杂流丽,刚劲含婀娜",全无机械的生硬呆板。从这类作品中也可以看出,为追求"机械化的美"而出现的几何形体,带有鲜明的时代特征,并且有强烈的视觉冲击力,为首饰走入现代艺术领域奠定了基础。

第三节　现代首饰赏析

一、艺术首饰赏析

　　20世纪中叶以后,首饰设计逐渐成为现代艺术的一部分,一些原本从事"纯艺术"的画家和雕塑家也参与到首饰的创作中来,其中还包括一批20世纪最伟大的艺术大师,如毕加索、达利、卡尔德、欧内斯德等人。无疑,这些艺术家的参与给首饰的发展注入了新的活力,促进了首饰的发展。他们把首饰当作绘画、雕塑等艺术形式来对待,首饰的外延也变得从未有过的宽广。我们把这类被当作纯粹艺术品设计、制作的首饰称为艺术首饰。因为这类首饰的表现语言和形式是前所未有的,可以说是最为前卫的,因此,也把它们称为"实验艺术首饰"。从这些作品中,我们可以看到抽象主义、立体主义、构成主义、后现代主义、解构主义、超现实主义等现代艺术思潮对首饰的影响。

　　图5-3-1是美国著名雕塑家亚历山大·卡尔德(Alexander Calder)的作品,铜丝犹如虬龙般盘旋伸展,紧紧攀附于身体之上,几乎使人动弹不得。作品造型夸张,线条流畅、浑厚而充满张力,欲将人及其心都束缚住,很好地突出了主题。这也正是卡尔德"首饰就是移动的雕塑"观念的表现。这一观念甚至成为美国20世纪三四十年代的一种思潮。"身体雕塑""佩戴的雕塑"等观念使得美

图5-3-1 《醋坛子丈夫》,铜丝,亚历山大·卡尔德,1949年

国首饰界呈现出一种空前热闹的景象。

艺术首饰多与其他现代艺术形式相砥砺。除对现代雕塑的借鉴外，现代建筑、绘画，甚至现代工业产品等都成为其借鉴的对象。德国艺术家赫曼·荣格（Hermann Junger）是将绘画语言引入现代首饰设计的先驱性人物。如图5-3-2，作品为我们展示了从平面的绘画语言到立体的首饰设计语言的一个转化。在这里我们看到了轻薄的画布变成了厚重的金质底板；作品借助绘画的构成，平面的绘画构图被金属与宝石的组合、分割所替代；绘画的线条具有了强烈真实的体积感；搪瓷色料、斑斓的宝石取代了水彩、油画等颜料……从创作风格上我们可以看到，绘画所具有的感性的冲动与激情被一种设计的理性的自在与情趣所取代，效果非但不呆板，相反异常生动有趣，可谓方寸之间气象万千。荣格还培养出如丹尼尔·克鲁格（Daniel Kruger）、奥托·昆泽里（Otto Künzli）、曼弗雷德·比乔夫（Manfred Bischoff）等极富创新精神的首饰设计师。

图5-3-2 《胸针》，金、红宝石、蛋白石、玛瑙、青金石、搪瓷，赫曼·荣格，1967年

艺术首饰设计师更多将自己定位为反映社会、启发思维、引导和改变观念的艺术家。他们坚持着反主流的主张，刻意将自己的作品与传统首饰、当下商业大众首饰保持着距离。图5-3-3《黑色米老鼠》胸针是奥托·昆泽里的代表作。在20世纪八九十年代，这位出生于瑞士的首饰设计师以其概念性的作品演绎了现代首饰所具备的新理念。从图中我们可以看到，米老鼠的五官、表情等特征均被省去，其形象被简化为一种标志性的符号。面对昆泽里的这些呈立方体或条块状的作品，一些评论家们嗤之以鼻，认为他愚蠢且幼稚，甚至怀疑有谁会佩戴他的首饰。通常人们都会认为，佩戴首饰是为突显自我的个性和品位，但这往往会忽视首饰自身的文化和丰富的内涵以及它在特定场合下所具有的清晰的指向性作用。作者选用米老鼠这个代表美国社会文化的卡通形象作为表现对象，设计极为简约，幽默甚至荒诞地以孩子玩积木和拼图的方式来表现对象，其目的就是要通过这些方式与传统和商业大众首饰产生激烈碰撞，从而清除沉积在传统和商业大众首饰中由于装饰和制作产生的观念性"尘埃"，揭示首饰真实的意义。

图5-3-3 《黑色米老鼠》胸针，硬泡沫、漆、钢，奥托·昆泽里，1991年

科技是人类社会发展动力体系中的决定力量，它的进步与发展直接关系到人类文明前进的步伐。科技使现代人的生存方式和空间发生了改变，人类被从未有过地置身于复杂的信息场中。澳大利亚设计师苏珊·科恩（Susan Cohn）的作品《生存习惯》（图5-3-4）正是对此状态的生动描述：人类对信息的收集与处理仅仅靠本能显然已远远不够，人们必须依靠智能设备的帮助进行信息的采集与整合，才能适应并生存下去。这件工业造型式的设计作品，简练且富有思想性。作品是头饰的形式，其上附设传感器、读卡器、信息按钮等装置，可插入智能卡，也可与计算机连接，这可使佩戴者获得足够多的信息。作品可折叠，便于随身携带。这件作品是对科技运用于首饰的一次探

图5-3-4 《生存习惯》头饰，苏珊·科恩，1950年

图 5-3-5 戒指, 不锈钢等, 彼德·施库比克

图 5-3-6 《懒散》手饰, 银、橡胶, 卡罗莱纳·瓦莱乔, 2001 年

图 5-3-7 《后部头盔》, 氧化银, 维克多·阿切, 2004 年

索, 它表达了人们对自己生存状态和未来生活方式的思考。

艺术首饰除在作品的观念、题材、风格、样式等方面进行尝试以外, 也对材料与技术做了一些探索。当然, 这也是首饰发展中不变的话题。材料的普通化、生活化、绿色化成为现代艺术首饰的一个重要特征。现代艺术首饰的艺术家们坚持"二战"以来提倡的反对使用贵重材料的主张, 因此, 我们看到更多的是由铜、不锈钢、标准银等金属和木材、陶瓷、卵石、玻璃, 以及亚克力、橡胶等材料制作的作品。艺术家们不再仅仅看重材料本身的价值, 而是更多地关注作品所表达的思想、作品的表现形式以及新的佩戴方式……随着材料的多样化, 陶艺、木艺、漆艺、玻璃工艺以及各种现代工艺都被运用于现代首饰制作中, 使得现代首饰的制作技法也丰富起来。

彼德·施库比克 (Peter Skubic) 生于南斯拉夫, 是欧洲首饰艺术史上非常具有影响力的人物。在 20 世纪六七十年代, 欧洲首饰还停留于传统金工工艺时期, 施库比克便努力尝试摆脱传统的束缚, 他首先在材料上寻找到突破口, 掀起了新一轮革命。他以不锈钢作为首饰的主要材料, 探寻材料本身的美学价值, 确立了艺术首饰的新视角。如图 5-3-5 的戒指, 不锈钢和复合材质的运用, 几何片材的穿插与组合, 使作品与现代建筑和工业生产联系起来。作品抽象而简约, 利用平面间光的相互反射, 形成了一种可视的虚拟空间。从这里, 我们也可以看到作者对视觉样式的深入探索。

无论首饰如何创新, 始终脱离不了与人的关系。传统首饰是人体的点缀, 人的身体作为故事的主角, 首饰从属于人体以及服装。艺术首饰则不然, 它们大有"喧宾夺主"之意。人体退而成为艺术首饰展示的背景与陪衬, 在佩戴中甚至忽略了所谓的舒适度与实用性等因素。首饰成为主角, 相反, 人体成为道具。通过这种特殊的佩戴方式可以表达人的某种状态或情绪, 也使首饰作品的意义得到真正表达。图 5-3-6 中, 戴手饰的模特穿着随意, 头发凌乱, 身体弯曲, 手臂自然下垂, 双腿微弯, 作欲起不起状。这种姿势以及饰品在地上的拖沓状态正是对"懒散"主题的生动诠释。因此可以说, 作为当代艺术品范畴的艺术首饰借助人的身体这一广阔舞台, 尽情演绎着设计师对自然、社会、人性、历史以及当下和未来等的种种思考。

现代首饰也可以脱离佩戴的方式, 作为独立的艺术品而存在。它们如静止的雕塑被陈列与展示在某一环境背景中。尽管脱离了真实的人体，但首饰为人而造的基本特性依旧，我们可以一目了然地识别出这些首饰应归属于人体的哪些部位。《后部头盔》是维克多·阿切（Victory Archer）的作品。作者以氧化银为材料，创造了既可以用于佩戴也可以用于展示的头盔。图5-3-7是《后部头盔》的展示现场。在这里，首饰与人的关系发生了根本性的改变。首饰不再作为传统意义上的点缀之用，它不需要去突出佩戴者的个性与品位。相反，作者将佩戴者作为背景环境，通过不断变换背景来突出首饰的个性特征。这时，首饰被作为纯粹的艺术品展示了出来。

艺术品是通过刺激人的感官，引导、激发人们产生某种认识或想象来揭示事物中蕴含的道理。因此，艺术品的表达方式很重要，它一定要引起人产生它所要的那种感受效果方算达到目的。人的生命如同人的感受一样，都是瞬间的、短暂的。首饰设计师米莉·卡利文（Millie Cullivan）用自己的表达方式对此做了诠释。如图5-3-8《花边衣领》项链，首先，设计师用照相底片镂刻制成花边衣领状的版，然后把它放在人的脖颈上，再在版上施粉，之后取下即成。显然，这个首饰是即时性、即兴性的。粉在接触皮肤的一瞬间产生的兴奋好似一种幻觉，很快会随着人体的适应而消失，但兴奋的记忆可能持久存在。人的生命也一样。项链在随着粉的脱落而消失的过程中，我们是否想到，我们的身体也在不由自主地以一种毫无察觉的方式分解到周围的环境中去了。但是，那个"曾使人们兴奋"瞬间的身影却留给人们长久的记忆。

事物总是有新旧。新旧是事物发展过程中的不同状态，这种状态会给人以不同的审美感受。而不同的审美感受，不单是由事物的状态不同造成的，还有状态在变化的过程中产生的。这是因为人是有感情的，所以当事物由新到旧变化时，人的感情也会随之变化，而感情的变化当然会影响到人的审美。情感因素在首饰设计中显得尤为重要，这种难以言说的感受被设计师用首饰的形式展示了出来。如图5-3-9，《着火的项链》展示了用火柴棍做成的首饰在燃烧前后的不同效果。设计师用超自然的手法缩短了首饰变化的过程。在由"新"到"旧"的变化过程中，变化的不只是对首饰的审美感受，同时还有审美观念。或许，我们也正是从这一变化中体会到了这个作品的价值。

因为贴近艺术、贴近生活、远离功利，所以艺术首饰具有轻松诙谐的一面。西古尔德·布龙格（Sigurd Bronger）的首饰设计就具有这样的特点。

如图5-3-10的戒指，其底座是不变的，上面的气球可以随意更换。因此，佩戴者可以根据心情和喜好随意调换颜色、图案和大小。

艺术首饰不是对传统首饰的彻底背叛，它们只是在诠释首饰的作用、意义、制作过程以及佩戴观念与佩戴者之间的关系。但是，无论是传统首饰还是艺术首饰，我们谈论的依旧是"什么是首饰"的问题，而更为有意义的是"什么不是首饰"的问题，它同样值得我们深思和关注。

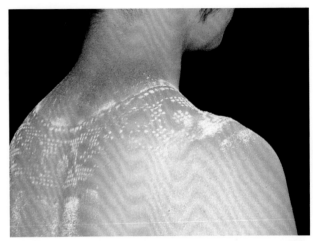

图5-3-8 《花边衣领》项链，米莉·卡利文，2004年

图5-3-9 《着火的项链》，火柴梗、钢丝绳，John Kent Garrott，2002年

图5-3-10 戒指，不锈钢、银、黄铜、气球，西古尔德·布龙格，2000年

二、商业首饰赏析

商业首饰如同服装，可根据顾客的情况划分为定制首饰与大众首饰。其中，定制首饰通常是针对少数人或个体，根据情况需要为其"量身定制"。因此，这样的首饰数量多为单件，从设计到制作的周期也相对较长。大众首饰针对的是"大众"群体。设计师需要考虑的是这类群体的总体特征，如时代性、民族性、地域性和文化性。这类首饰往往是成批生产，制作主要依靠机械，部分辅以手工，从设计到制作的周期相对较短。下面以品牌为线索，介绍一些较为典型的商业首饰作品。

（一）卡地亚（Cartier）

拥有"皇帝的珠宝商，珠宝商的皇帝"之称的卡地亚珠宝品牌诞生于19世纪40年代的法国。其诞生之初，法国上流社会崇尚奢华和精致的风潮推动了卡地亚的发展。卡地亚一直遵循并巧妙运用优雅原则，以经典的设计、精美的材料以及精湛的工艺风靡欧洲皇室与上流社会。

卡地亚立足巴黎，放眼世界，建立了卡地亚帝国。其表现对象不仅包括百花齐放的奇幻花园，更包括奇美绝伦的动物王国。从非洲野生动物到埃及神兽，再到亚洲的龙和麒麟，其将工艺与美学完美结合。不仅如此，卡地亚还从埃及、波斯、远东和俄罗斯的文化中吸取灵感，用首饰的语言讲述了一个又一个精彩的故事。卡地亚的兼容并蓄不仅表现为题材上的宽广，还包括风格上的异国情怀。其在造型和配色等方面的大量借鉴与尝试，使其创作出许多精美绝伦的珠宝精品。时至今日，卡地亚依旧是珠宝界设计师的"缪斯女神"。

图5-3-11"猎豹"胸针。1914年，豹纹首次在一款手链式腕表中亮相。随后，贞·杜桑女士将猎豹形象发扬光大，以猎豹来表现女性优雅自在且具前卫开拓精神的独特气质。图中的"猎豹"胸针是卡地亚为英国温莎公爵夫人设计的。"猎豹"由白金制成，其上镶有刻面型钻石和磨圆切割的蓝宝石，眼睛是一对梨形的黄色彩钻。"猎豹"身形优美，展腰挺胸，蹲踞在重达152.35克拉的克什米尔磨圆切割蓝宝石之上。作品将猎豹优雅而又野性、聪慧而又迅捷的特点与高贵女性的气质相联系，传神的刻画以及独特的精湛工艺使得猎豹的形象栩栩如生。"猎豹"也成为卡地亚品牌的经典标志之一。

图5-3-12为卡地亚"Love"系列手镯。"Love"手镯与"Trinity""Juste un Clou"手镯被誉为卡地亚经典简约风格的三颗明星。1970年，卡地亚首次推出Love系列，呼吁人们对爱情忠贞不渝的美德的回归。几十年来，卡地亚都会定期推出Love系列新款。虽然是古老的命题，但其魅力却始终不减。该款手镯具有独特的设计构思：佩于腕上的手镯需要用佩于爱侣胸上的"螺丝刀"才能打开。特殊的佩戴方式无形地将两个人的情感系在了一起，锁入矢志不渝的爱之誓约之中。

图5-3-11 "猎豹"胸针，卡地亚

图5-3-12 "Love"手镯，卡地亚

（二）蒂芙尼（Tiffany & Co.）

蒂芙尼品牌开创于 19 世纪 30 年代的纽约，其从一间专营文具和饰品的小店发展成了声名显赫的珠宝品牌。蒂芙尼的设计以爱与美、浪漫与梦想为主题，风格简洁、明朗、流畅、随性，作品焕发着美国式的自由博爱与乐观进取精神。

图 5-3-13 是"Elsa Peretti"系列的"Open Heart"项链。"风格，即是简约"这是蒂芙尼极具天赋的设计师 Elsa Peretti 的宣言。"Open Heart"正是 Elsa 的作品之一。Elsa 曾周游世界各地，这位富有激情的艺术家与时尚圈、艺术圈保持着紧密的联系。她从安东尼奥·高迪的建筑以及大量雕塑作品中汲取灵感，"Open Heart"则是 Elsa 受到亨利·摩尔雕塑作品的启发而设计的作品。该设计感性、简约，造型自然流畅，优雅的心形造型诠释出爱的真谛。

图 5-3-13　"Open Heart"项链，标准银，蒂芙尼．

（三）宝格丽（Bvlgari）

品牌于 19 世纪末诞生于希腊。两度迁址以后，最终来到罗马，成为意大利高级珠宝品牌。宝格丽的设计受到希腊、罗马古典主义以及法式风格的影响，而后又受到意大利文艺复兴和 19 世纪罗马金匠学派的启发，在 20 世纪 50 年代开始跳脱巴黎式风格，逐渐形成自己的特点。宝格丽融合古典与现代特色，突破学院派的规条，设计大胆独特、尊贵典雅。它以色彩为设计精髓，大胆而富有创造性地运用不同色彩的搭配组合，尽显缤纷与灿烂。在宝石切割方面，宝格丽的素面切割尤为独特。素面切割宝石镶嵌的大量运用以及华美独特的色彩搭配形成了宝格丽的标志性特征。

图 5-3-14 是宝格丽"B.Zero1"系列戒指。"B.Zero1"系列诞生于 1999 年，而后多次推出同系列新款。其设计灵感来自罗马斗兽场，作品将这不朽的历史遗迹以极具工业感和雕塑感的方式呈现了出来。该系列也是宝格丽标志性的 Tubogas 元素的再运用，强调了过去、现在、未来的融汇。戒圈侧面的双标志首尾相连，也有永恒久远之意。此系列设计洗练、简洁，正是宝格丽珠宝设计风格的一个标志性的基础系列。该系列以"B.Zero1"命名，"B"代表 Bvlgari，"Zero"是数字起始的第一位，这种组合代表宝格丽永远走在前端。"Zero"与"1"的组合也是对过去与未来一脉相承的颂扬。

图 5-3-15 是"Divas' Dream"系列。此系列与"Serpenti"系列、"B.Zero1"系列并称为宝格

图 5-3-14　"B.Zero1"戒指，18K 玫瑰金、黑色陶瓷，宝格丽

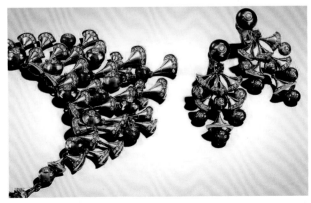

图 5-3-15　"Divas' Dream"系列，紫水晶、碧玺、橄榄石、钻石、18K 玫瑰金，宝格丽

图 5-3-16　拉链造型项链，黄金、钻石，梵克雅宝，1952 年

图 5-3-17　《黑白舞会》胸针（"传奇舞会"系列之一），缟玛瑙、钻石，18K 白金，梵克雅宝

丽三大经典系列。"Divas' Dream"系列的基础元素源自古罗马卡拉卡拉大浴场中的大理石及其典雅的弧形马赛克图案。Diva 一词源于意大利文，本意为万人追捧的女高音，在英文中泛指能力超群且具有个性的女性。该系列堪称女性魅力与优雅气质的化身。此系列采用弧面切割宝石，色彩搭配大胆独特，这些都是宝格丽极具标志性的特征。

（四）梵克雅宝（Van Cleef & Arpels）

梵克雅宝于 20 世纪初在巴黎创立，是一个富于诗意和浪漫的品牌，以天马行空般的想象著称，其设计灵感很多取自于诗歌和小说。该品牌诞生于象征主义风行的年代，这股思潮至今依旧于品牌的创作中有所表现。梵克雅宝具有崇高的法国气质，崇尚典雅、浪漫，作品充满灵性与智慧。

图 5-3-16 是梵克雅宝拉链造型项链，这一最初被认为不可实现的设计最终成了梵克雅宝设计团队的标志。起初，为水手和飞行员制服而设的拉链触发了温莎公爵夫人的灵感，她因此向作为梵克雅宝创始人的女儿提出此构想，于是第一件拉链造型项链诞生了。项链采用拉链造型，将服装部件完美地糅合到了首饰之中，并将钻石点缀于链条两侧。更出奇的是，拉链可自由滑动、开合，从项链变为手链。项链拉开或闭合造成的形体与比例变化，满足了女人追求首饰造型多变的心理。

图 5-3-17 是梵克雅宝"传奇舞会"系列设计之"黑白舞会"胸针。梵克雅宝从舞会鼎盛时期精选出五大著名舞会：圣彼得堡举行的冬宫舞会、威尼斯举行的世纪舞会、巴黎举行的东方舞会、纽约举行的黑白舞会以及巴黎举行的普鲁斯特舞会，并以当时不同地点、主题、气氛为灵感源泉，创作出形象生动的高级珠宝作品。图中作品取自纽约黑白舞会，缟玛瑙与钻石形成黑白的极色搭配，优雅的舞姿造型再现了当时美国上流社会的社交生活。

成熟的商业首饰品牌往往会有一两种材质或制作技术作为自己的看家本领。例如，卡地亚以彩色宝石与钻石为主；御木本以养殖珍珠著名；乔治杰生以银饰独步；施华洛世奇的仿水晶久负盛名……

创立于 19 世纪末，始于发明家丹尼尔·施华洛世奇（Daniel Swarovski）在奥地利西部瓦腾斯（Wattens）小镇上的人造水晶探索之路。丹尼尔的执着与坚韧造就了他事业上的腾飞。19 世纪 90 年代，品牌自建立之初便致力于材料与技术方面的研发以及设计上的拓展。经过一百多年的发展，施华洛世奇得以稳居人造水晶市场的领先地位。

图 5-3-18 选自施华洛世奇 2005 年推出的"冰雪浓情"系列作品。设计灵感来自白雪皑皑的极地雪色。作品采用几何化的简约造型，宛若冰川，凌厉而冷静，闪烁着智慧的精光。其用色素雅简练，犹若冰霜闪烁，让人展开充满神秘奇幻色彩的想象，仿佛开启了寻觅冰原瑰宝的探险之旅。

（六）御木本（Mikimoto）

尽管中国早在宋代便有养殖珍珠的记载，但真正将养殖珍珠做到极致的却是日

图 5-3-18　《冰》项链（"冰雪浓情"系列之一），人造水晶、合金，施华洛世奇，2005 年

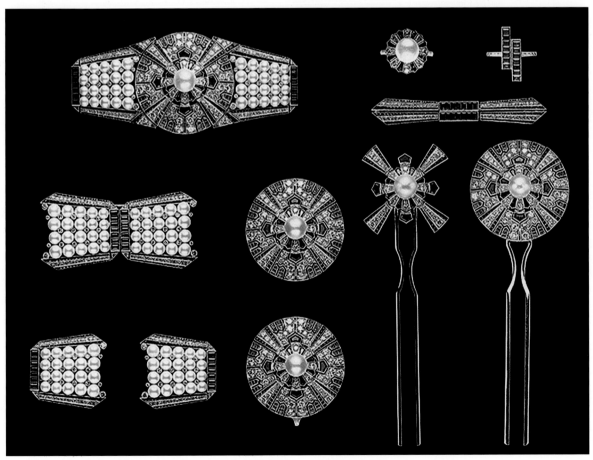

图 5-3-19　《矢车》扣带，珍珠、蓝宝石、祖母绿、钻石、铂金，御木本，1937 年

105

图 5-3-20 戒指（"优雅叛逆"系列之一），珍珠、石榴石、18K 金，塔思琦

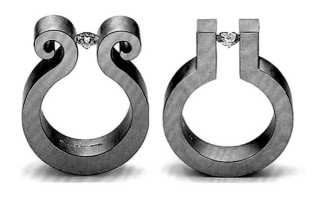

图 5-3-21　"国王与王后"对戒，钻石、黄金、铂金，尼辛

本的"养殖珍珠之父"——御木本幸吉（Kokichi Mikimoto）。御木本幸吉在中国古老养珠法的基础上，坚持对养殖珍珠的探索，并获得了成功。"只有坚持生产最高品质养珠，日本养珠才会有希望"，正是这样的执着追求，使得御木本幸吉获得了"珍珠王"的美誉，其开创的御木本品牌也成为日本知名度最高的国际珠宝品牌之一。御木本品牌以"神之赐福"的珍珠为主打材料，全力打造典雅与经典相结合的高品质饰品。

图 5-3-19《矢车》扣带是御木本在 1937 年的巴黎世界博览会上推出的作品。这个貌似腕表的和服扣带可以拆分成 12 件不同的首饰，如项坠、戒指、胸针、发簪等。绝妙的创意和精湛的工艺使得《矢车》扣带成为御木本最具代表性的作品。

（七）塔思琦（Tasaki）

创立于 1954 年，是以珍珠、宝石为主的日本商业首饰品牌。其集珍珠养殖、加工、销售于一体，拥有淡水珍珠、南洋金珍珠、南洋黑珍珠、阿古屋珍珠、马贝珍珠等品种，擅长将珍珠、钻石、彩宝、素金等不同元素相结合，凭借大胆的创意，创造出极具新鲜感和时尚感的作品。

图 5-3-20 的石榴石戒指是"优雅叛逆"系列之一，珍珠与宝石完美结合，宝石的尖锐亭部朝外，如叛逆的芒刺，与优雅、饱满的珍珠相依相印。珍珠的素雅和宝石的锋芒相碰撞，形成对比，表现出一种简约、冲突的美。作品犹如一个桀骜不驯的精灵，温柔外表下有颗坚毅、叛逆之心，极具个性魅力。

（八）尼辛（Niessing）

1873 年诞生于德国的著名首饰品牌。该品牌作品风格极简，造型融入几何学和结构学理念，基本的几何造型是其独特的语言。尼辛采用金、铂金、不锈钢作为基础材质，并注重材料的拓展，成功发明了包括红色、微红、绿色、暗绿、灰色等有色合金。此外，尼辛还在工艺上极具创新和精益求精的精神。张力戒的发明就是其在镶嵌工艺上的一次革新。

图 5-3-21 是"国王与王后"对戒，是经典婚戒作品。作品用黄金与铂金雕琢出寓意完美与永恒的二人世界，巧妙运用冠部的曲和直来分别表现女性的柔美与男性的刚毅，辅以色彩的搭配，使得作品即使运用最为简练的笔触，也能将首饰的故事加以精彩呈现。"我成了你的国王，你成了我的王后"，你中有我，我中有你，相依相伴，相映生辉。

首饰设计的目的是美化人们的生活。研究商业首饰的目的是使首饰能更好地走进人们的生活，为生活增光添彩。几乎在每一个时期，商业首饰都是首饰设计的主流，因为它的流通量大，涉及面广，完全代表了那个时期人们的审美。实验艺术首饰可以不流通，但不能没有意义，只是这种意义与商业首饰的意义宗旨不同。这是首饰设计师必须关注的重要命题。

思考与练习

1. 通过代表性首饰的举例，讲述中西方首饰发展的主要脉络。
2. 举例论述中国古代经典首饰作品中所体现的典型思想观念。
3. 简述现代首饰的主要特征。
4. 研究自己欣赏的艺术首饰设计师及其作品，分析其作品的美学特色并论述其作品的意义。
5. 研究典型的商业首饰品牌，概括其品牌的风格特色。
6. 举例说明如何提升品牌形象。

知识链接

1. 郑静、邬烈炎《现代首饰艺术》，江苏美术出版社， 2002 年
2. 狄玉昭《珠宝的历史》，哈尔滨出版社，2007 年
3. Catherina Grant. *New Directions in Jewellery*, Published by: Black Dog Publishing Limited, 2005.
4. Amy Sackville. *New Directions in Jewelleryv* II , Published by: Black Dog Publishing Limited, 2006.

参考文献

1. 周汛、高春明《中国历代妇女妆饰》，学林出版社，1988 年

2. 孙和林《云南银饰》，云南人民出版社，2001 年

3. 唐绪祥《银饰珍赏志》，广西美术出版社，2006 年

4. 高丰《中国器物艺术论》，山西教育出版社，2001 年

5. 腾菲《首饰设计：身体的寓言》，福建美术出版社，2006 年

6. 廖宗廷、周祖翼、马婷婷、陈桃《宝石学概论》（第二版），同济大学出版社，2005 年

7. 邹宁馨、伏永和、高伟《现代首饰工艺与设计》，中国纺织出版社，2005 年

8. 石青《首饰的故事》，百花文艺出版社，2003 年

9. Cindy Edelstein, Frank Stankus. *Brilliance！：Masterpieces from The American Jewelry Design Council*，Published by：Lark Books, A Division of Sterling Publishing Co.,Inc. ,New York/London , 2008.

10. David Bennett, Daniela Mascetti. *Understanding Jewellery* Reprinted by：Page One Publishing Pte Ltd ,2008.

11. Alan Revere. *Masters:Gemstones：Major Works by Leading Jewelers*,Published by：Lark Books, A Division of Sterling Publishing Co.,Inc.,New York/London, 2008.

12. Marthe Le Van. *500 Necklaces:Contemporary Interpretations of a Timeless Form*，Published by：Lark Books, A Division of Sterling Publishing Co.,Inc.,New York/London , 2006.

13. Oppi Untracht. *Jewelry Concepts and Technology*,Published by:Doubleday Book,A Division of Bantam Doubleday Dell Publishing Group,Inc.,1982.

14. Dona Z. Meilach. *Art Jewelry Today*，Published by:Schiffer Publishing Ltd. , 2003.

15. Maren Eichhorn-Johannsen,Adelheid Rasche. *25,000 Years of Jewelry*,Rubilished by:Prestel Publishiy,Verlagsgruppe Random House,2013.

后　记

　　首饰是人类进行自我美化的古老装饰品，与人类有据可考的历史几乎同步。首饰，其物虽小，其内涵却十分丰富。从时间上看，它伴随着人类历史的发展，记录了各个时期的社会发展情况；从表现上看，它不止于形式表面，还涵盖了社会、制度以及思想观念等更为深广的含义；从观念上看，它的变化极大，首饰发展史也可以说亦是人类思想的演化史。因此，它既古老而又时尚。

　　本书从提笔撰文到完稿成书已逾十年，起初仅为纯粹的资料整理、创作体会以及理论总结，后又因经历创建首饰品牌、从事首饰高级定制等商业实践，因此，又不断地积累、融合、补充，同时不断地调整、更新……　2018年，笔者至中国美术学院访学，在研修期间完成此书。学无止境，且将本书当作一个阶段性的总结，供同修们交流以及作教学参考。书中论述若有不妥之处，还请各位前辈和朋友不吝赐教。

　　感谢访学期间导师的指点，修学路上各位恩师的桃李之教！感谢西南师范大学出版社美术分社王正端社长、邓慧编辑等工作人员的大力支持与耐心协助！此外，还要感谢笔者在首饰研习路上相遇的各位手艺师傅，每当读到自己的作品，即忆起当初师傅们悉心点拨抑或是同力协契的日子。感谢笔者研修途中相遇的各位同行朋友，"邻曲时来，疑义相析"，令心生暖意。

喻珊　戊戌冬日

图书在版编目（CIP）数据

首饰设计与制作 / 喻珊，王洪喜著 . — 重庆：西
南师范大学出版社，2020.1（2024.8 重印）
ISBN 978-7-5621-9906-9

Ⅰ.①首… Ⅱ.①喻…②王… Ⅲ.①首饰 – 设计 –
教材②首饰 – 制作 – 教材Ⅳ.① TS934.3

中国版本图书馆 CIP 数据核字（2019）第 290727 号

中国高等教育服装服饰教学创新丛书
主编：袁仄

首饰设计与制作
SHOUSHI SHEJI YU ZHIZUO

喻 珊 王洪喜 著

责任编辑：邓 慧
装帧设计：叕十堂 _ 未 氓
排 版：张 艳
出版发行：西南大学出版社（原西南师范大学出版社）
地 址：重庆市北碚区天生路 2 号
本社网址：http：//www.xdcbs.com
网上书店：https：//xnsfdxcbs.tmall.com
印 刷：重庆长虹印务有限公司
幅面尺寸：210mm×285mm
印 张：7.25
字 数：252 千字
版 次：2020 年 6 月第 1 版
印 次：2024 年 8 月第 2 次印刷
书 号：ISBN 978-7-5621-9906-9
定 价：65.00 元

本书如有印装质量问题，请与我社市场营销部联系更换。
市场营销部电话：（023）68868624 68253705

西南大学出版社美术分社欢迎赐稿。
美术分社电话：（023）68254657